河下游人居环境营造丛书

书是山东省社会科学规划研究项目
乡村振兴战略下的乡村人居环境研究》
（21CGLJ04）的研究成果

村振兴战略下的
乡村人居环境研究

刘　杰　郑艳霞　张世富
周　铭　张玉敏　周　莹　◎编著

Research on Rural Human Settlements under the Strategy of Rural Revitalization

中国财经出版传媒集团
经济科学出版社
Economic Science Press
·北京·

图书在版编目（CIP）数据

乡村振兴战略下的乡村人居环境研究 / 刘杰等编著 . 北京 ：经济科学出版社，2024. 8. -- ISBN 978 -7 -5218 -6326-0

Ⅰ. X21

中国国家版本馆 CIP 数据核字第 2024JU3776 号

责任编辑：李一心
责任校对：刘　娅
责任印制：范　艳

乡村振兴战略下的乡村人居环境研究
刘　杰　郑艳霞　张世富　周　铭　张玉敏　周　莹　编著
经济科学出版社出版、发行　新华书店经销
社址：北京市海淀区阜成路甲 28 号　邮编：100142
总编部电话：010 -88191217　发行部电话：010 -88191522
网址：www. esp. com. cn
电子邮箱：esp@ esp. com. cn
天猫网店：经济科学出版社旗舰店
网址：http：//jjkxcbs. tmall. com
北京季蜂印刷有限公司印装
710×1000　16 开　16. 75 印张　226000 字
2024 年 8 月第 1 版　2024 年 8 月第 1 次印刷
ISBN 978 -7 -5218 -6326 -0　定价：68. 00 元
（图书出现印装问题，本社负责调换。电话：010 -88191545）

《黄河下游人居环境营造》丛书自序

吴良镛院士在道萨迪亚斯的人类聚居学理论基础上创立了人居环境科学（Sciences of Human Settlements），并强调把人类聚居作为一个整体来研究。吴先生突破传统建筑学框架，设计出一个基本研究框架和学科体系，展开了在以五大原则（生态观、经济观、科技观、社会观、文化观）指导下的五大系统（自然、人、社会、居住、支撑网络）和五大层次（建筑、社区、城市、区域、全球）的系统性研究。提出运用系统思想和复杂性科学方法为指导，进行适合中国国情的理论建构、设计实践与教育改革，目的在于了解、掌握人类聚居发生、发展的客观规律，从而更好地建设符合人类理想的可持续发展的人类聚居环境。

进入21世纪后，飞速发展的城市化过程，使我国城乡面貌焕然一新，城市与村镇的发展建设，除建筑学科专业外，城乡规划、市政工程学、地理学、风景园林学、环境保护、社会学等学科专业人才也投入到城乡建设工作中，多学科专业在跨界的基础上融合发展为新的学科专业已在实际工作中初见端倪。人们对建筑学致力的领域有了新的认知和理解，即必须从宏观、中观和微观各个不同层次和尺度，在学科专业理念上、工程技术实施中解决人居环境建设的实际问题。人居环境建设要求从业者不仅要具有自身的学科专业特点，还要以系统综合的观点和多样思维的能力，吸收和引进相关学科专业的新思想、新方法、新技术。从人居环境主要学科专业比较，可以看出各自特点和内在联系：在研究尺度上，建筑学和土木工程学科专业是以中观和微观尺度进行研究和应用；人文地理和地景学是以全域尺度进行研究和应用；城乡规划是以宏观尺度进行研究和应用。在实践应用上，建筑学是从功能环境、生态环境、物理环境、文化环境的建筑工程设计和营造等方面进行研究和应用；人文地理和地景学是以全维度视觉进行区域和景观规划和设计；城乡规划是以社会人文、人居环境、基础设施进行有针对性的规划和设计。在研究方法和手段上，建筑学采用功能、空间、形态、结构、等工程技术；人文地理和地景学是以全要素景观、风景、园林规划设计等方法和手段，城乡规划是以基于问题导向和目标导向进行规划设计。

融合建筑、规划、地景作为核心学科构建人居环境学科体系的设想，是基于倡导者的学术背景和从他们面对的城乡建设实践领域中经常遇到的现实问题而提出的。针对相关的学科专业背景和行业领域中的现实问题，探讨不同的核心学科的选择与确立不仅是可行的，也是合理的。建筑学、土木工程、人文地理与城乡规划、风景园林等专业的设置就是围绕人居环境跨学科专业培养应用型、创新型人才目标，构建人居环境学科专业群的人才培养模式。将黄河下游的人居环境研究及其成果与学科专业建设、课程开设、人才培养和服务区域经济社会发展相结合，是实现高校转型发展和服务区域经济社会发展的办学要求和可行路径。菏泽学院人居环境学科专业群是在建筑学、土木工程、人文地理与城乡规划、风景园林等学科专业相互交叉融合、协同创新的实践中发展起来的。根据我们所处的区域位置、多年来的研究成果和服务当地的社会经济实践，本系列丛书聚焦于黄河下游人居环境营造研究，但是也拓展到相关区域和领域。基于以上缘由我们编著此系列丛书。所以我们的编著者来自不同学科专业，有不同的学科专业教育背景和实践经历，但是，每本书都是围绕建设可持续发展的人类聚居环境这一核心理念而撰写的。

在本系列丛书编写过程中，我们历时数年，风雨无阻，既有分工，又有合作，每本书各有特点，又有关联。虽然称为系列丛书，但是我们不羁于世俗，顺其自然，天作而合，成熟一本出版一本。随着《乡村振兴战略下的乡村人居环境研究》等书的出版，本系列丛书基本完成。依据出版时间分列如下：

《景观生态理念下的乡村旅游规划设计》刘杰等编著 经济科学出版社（2018）；

《复合相变化者能保温沙浆的应用研究》周莹著 中国农业出版社（2020）；

《基于 DEM 的新月形沙丘形态参数与移动特征研究》李爱敏等著 吉林大学出版社（2020）；

《乡村旅游规划与开发》刘杰等编著 经济科学出版社（2020）；

《中国绿色建筑认证现状与标准特征研究》周铭著 吉林大学出版社（2020）；

《述往思来：历史文化名城保护与发展的曲阜实践》刘亮著 法律出版社（2023）；

《菏泽黄河流域生态保护和高质量发展战略研究报告》刘杰等编著 经济科学出版社（2023）；

《多维视域下山东黄河旅游高质量发展研究》刘玉芝著 经济科学出版社（2024）；

《乡村振兴战略下的乡村人居环境研究》刘杰等编著 经济科学出版社（2024）。

感谢各位著者的积极参与和精耕细作。感谢菏泽学院相关科学研究项目和科学研究平台的资助。作为主编，希望本系列丛书为人居环境科学理论研究与工程项目实践、菏泽学院高质量转型发展尽微薄之力。

刘　杰

2024 年 5 月 25 日于菏泽天香家园

前 言
PREFACE

建设美丽中国是全面建设社会主义现代化国家的重要目标，是实现中华民族伟大复兴中国梦的重要内容。推进美丽中国建设，实现人与自然和谐共生的现代化进程，最艰巨最繁重的任务在乡村。建设宜居宜业和美乡村是建设美丽中国的关键系统工程，而乡村人居环境整治和提升是建设宜居宜业和美乡村的核心工作。同时，可持续发展的乡村人居环境是实现美丽中国的空间直观标志。乡村是具有自然、社会、经济特征的地域综合体，兼具生产、生活、生态、文化等多重功能，与城镇互促互进、共生共存，共同构成人类活动的主要空间载体。我国人民日益增长的美好生活需要和不平衡不充分的发展之间的矛盾在乡村最为突出。要实现全面建成小康社会和全面建设社会主义现代化强国的宏伟目标，乡村无疑是最艰巨、最繁重的任务所在，同时也是最广泛、最深厚的基础和最大的潜力与后劲所在。实施乡村振兴战略，是解决新时代我国社会主要矛盾、实现“两个一百年”奋斗目标和中华民族伟大复兴中国梦的必然要求，是建设现代化经济体系的重要基础，是建设美丽中国的关键举措，更是传承中华优秀传统文化的有效途径。近年来，我们积极响应全面推进乡村振兴战略，结合我们的学科专业和研究项目，进行了乡村人居环境的理论梳理和实践探索。我们工作生活在我国的农业大省和农业大市，当属全面推进乡村振兴战略的主战场。经历了我国城乡社会经济发展的翻天覆地的变化，改革开放初期我们农业大发展、农村大变样、农民大翻身的情景历历在目，而后来的“乡村衰落”“乡村病”的出现令人担忧。直到目前，乡村人居环境整治和提升工作尚未找到根本解决方案，美丽乡村建设更是任重道远。

多年来，我们的学术关注点聚焦在城乡人居环境研究领域，经过了从学术理论研究到社会服务实践、从社会服务实践再到学术理论研究的执着反复的长期探讨。我们针对乡村规划、农村产业发展、农村垃圾、污水治理和村容村貌提升中的核心难点问题开展调查研究，探寻出现“乡村衰落”“乡村病”的根本原因，以及解决这些核心问题的方法。我们认为“乡村衰落”“乡村病”是乡村人居环境整治和提升的浅层次焦点和难点问题，是社会经济发展的阶段性现象。同时，我们也探讨了影响乡村振兴和人居环境整治和提升的深层次原因和解决办法，即必须继续深化农村改革开放，摒弃体制机制障碍。经过我们的不懈努力，对我国尤其是黄河下游流域乡村人居环境现状及其成因有了较为清晰的认识理解，并形成了较为成熟的解决乡村人居环境整治问题的思路和技术。多项研究成果和乡村规划项目已应用到当地乡村建设行动中。

本书采用实地调研与案例分析相结合的方法，系统全面地分析乡村人居环境的现状和成因，寻求乡村人居环境建设的思路，建立健全乡村人居环境优化改善机制，为全面深入开展乡村人居环境整治、建设宜居宜业和美乡村提供了政策理论依据和工程技术方案。本书把实证分析得到的我国乡村人居环境整治的成功实践经验结论上升到学术理论层面，不仅为乡村人居环境建设提供一定的理论和实践积累，而且能够跟踪国际学术前沿，拓宽乡村人居环境研究视角，充实相关理论研究内容，弥补研究的空白。例如，我们不能仅仅追求现象层面问题的解决，更要追根溯源，直面其背后潜藏的核心问题，探索这些核心问题产生的根本原因和内在机理。通过对中央相关文件政策的研究，认识到改善乡村人居环境是党中央从战略和全局高度作出的重大决策部署，党的十九大明确要求开展乡村人居环境整治行动，党的二十大进一步提出了城乡人居环境明显改善、美丽中国建设成效显著的目标，我们要从全面建设社会主义现代化国家，全面推进中华民族伟大复兴的高度，切实增强做好改善农村人居环境工作的责任感和使命感。2023 年 12 月，《中共中央 国务院关于全面推进美丽中国建设的意见》发布，这是我国为全面推进美丽中国建设，加快推进人与自然和谐共生的现代化而提出的意见。在政策实施中，要因地制宜、因势利导，即所谓我们贯穿始终的地方性和适应性原则；在体制和机制方面充分发挥政府主导作用、市场在资源配置中的主体作用、尊重村民的主人翁地位，保证改革开放决策的有效执行和乡村可持续发展。

本书研究项目的重点和难点主要有以下几点：

探讨我国快速城市化进程中乡村人居环境转型演变规律及动力机制是我们研究的科学重点问题。乡村人居环境是一个复杂的系统工程，其演变的驱动因素较多，在我国快速城市化进程中，我们应基于乡村振兴的目的，应用现代人居环境理论，从人居环境的地方性和适应性的视角，提出切实可行的优化路径和构建区域发展模式。本研究以中外乡村实地调研为基础资料，聚焦黄河流域下游乡村区域，探索区域乡村人居环境演变规律和微观机制，重点考察研究浙江省“千村示范、万村整治”工程及其他区域的成功经验和案例，为新农村建设和乡村人居环境优化整治提供理论参考和决策依据。我们把探析乡村人居环境转型演变规律及动力机制研究作为科学重点问题所在。

寻觅乡村人居环境优化的路径和构建乡村人居环境的发展模式是我们研究的科学难点问题。乡村人居环境是村民生产、生活、生态所需物质和非物质的有机结合体，包括自然生态环境、地域空间环境和经济社会环境，是具有一定生命周期的生态系统。长期以来，由于国家城乡二元结构体制，优质资源向城市单向集中，乡村经济发展相对滞后，诸如乡村自然生态环境破坏严重、基础设施薄弱、人居环境脏乱差等乡村问题凸显，即所谓“乡村衰落”“乡村病”，乡村人居环境不容乐观。而乡村人居环境的改善整治是一项系统的工程，既牵涉城乡一体化、融合化发展，又牵涉城乡差异化、多样化发展，每个区域、每个乡村各有特色，致使人居环境优化的路径及乡村人居环境发展模式的构建要体现出地方性和适应性。这是我们研究的科学难点问题所在。

为了解决以上科学问题，我们力图在以下方面有所突破和创新：

研究理念和方法的创新。重大现实问题的解决都要有科学理论和科学方法作指导。本书通过对国内外相关文献的梳理和案例分析，针对黄河流域下游乡村人居环境进行系统分析，探索区域乡村人居环境演变规律和微观机制，为我国乡村振兴战略和乡村人居环境优化整治提供理论参考和决策依据。在乡村人居环境研究和建设中，纵观国内外发展历程和经验教训，我们建立并实施两个核心理念，即回归乡村本质，即广空间、小规模、低密度、低强度；重视乡村价值，即生产价值、生活价值、生态价值、文化价值。提炼出黄河流域下游乡村人居环境特征及转型演变规律，并探讨其优化路径及发展模式，对我国乡村人居环境建设现状进行评价，初步总结研究区乡村人居环境建设特征；尝试分析村庄地方性的影响，分析乡村人居环境建设水平的影响因素，进一步将其与评价结果相结合，认识并解释乡村人居环境的若干特征，形成乡村人居环境建设的对策建议。

研究视角和路径的创新。从全球广域时空视角出发，进行研究乡村人居环境建设，然后落脚到我国，乃至黄河下游乡村进行具体的地域研究，以期提出新的人居环境理论和探索切实可行的实践路径。在我国快速城市化的背景下，基于乡村振兴的目的，应用现代人居环境理论，从黄河下游乡村人居环境的地方性和适应性的实践视角，直面乡村人居环境整治的顽疾，如农村改厕、生活垃圾处理和污水治理，保护传统村落和乡村风貌等，探讨乡村振兴背景下生态宜居乡村建设和乡村人居环境整治，提出切实可行的优化路径，规划设计工程项目标准范式。

研究内容的针对性和具体化也是创新点之一。我们对黄河流域下游样本区域（即菏泽市典型区域）的乡村人居环境现状及整治的进展、村民对人居环境质量的满意度和期盼、乡村人居环境整治中存在的问题和困难等方面进行了深入调研分析。在此基础上，提出建设生态宜居乡村人居环境，推进农村改厕、生活垃圾处理和污水治理，保护传统村落和乡村风貌的具体思路、工程技术方法和可行性对策。

我们期盼本书为建设宜居宜业和美乡村提供理论政策参考与技术操作指导。

编著者

2024 年 6 月 6 日于菏泽学院城市建设学院

目录
CONTENTS

第一章

绪　论

第一节　研究背景和内容

建设美丽中国是全面建设社会主义现代化国家的重要目标，是实现中华民族伟大复兴中国梦的重要内容。我们全面推进美丽中国建设步伐，加快实现人与自然和谐共生的现代化目标。在这一伟大征程中，乡村建设肩负着最为艰巨且繁重的任务。在中国式现代化的建设中，乡村不仅是根基，更是希望。建设宜居宜业和美乡村已成为美丽中国建设的关键系统工程，而乡村人居环境的整治与提升则是这一系统工程的核心任务与落地工程。一个可持续发展的乡村人居环境，不仅是乡村振兴的空间标志，更是我们实现乡村全面振兴的基石（因为理论政策的调整和延伸，为了表述方便和全面理解，本书将乡村人居环境和农村人居环境等视为相同概念，在本书中相互通用。）。近年来，为改善农村人居环境，我国发布了一系列针对性文件和政策。2012 年，中央一号文件强调农村环境整治为环保工作重心，着重治理农业面源污染，提升农村污水和垃圾处理能力。2013 年，则引入“美丽乡村”理念，对农村人居环境在生态、文化和制度层面设定了更高标准。2014 年，中央一号文件进一步要求加快村庄规划编制，聚焦垃圾和污水处理，以优化村庄人居环境。2018 年的中央一号文件则明确了“乡村振兴，生态宜居是关键”。为此，国家相继出台了《农村人居环境整治三年行动方案》（2018）、《农村人居环境整治村庄清洁行动方案》（2018）和《乡村振兴促进法》（2021）等。相关文件的出台凸显了农村人居环境整治的必要性和紧迫性。

一、国内外研究的现状和趋势

1. 国外研究现状和趋势

国外的人居环境学是在城市环境学的基础上产生和发展起来的，其理论演进可大致分为以下三个历史阶段：（1）早期探索阶段：自 19 世纪末至第二次世界大战前，国外学者虽未明确提出“人居环境学”这一概念，但他们已经在社会学、地理学、建筑学等多个学科领域内进行了深入的探索和研究。这些研究为后来人居环境学的形成和发展奠定了坚实的基础。（2）科学确立与深化研究阶段：第二次世界大战后至 20 世纪 70 年代，人居环境学作为一门独立的科学被正式确立。道萨迪亚斯等的研究为人居环境学的发展注入了新的活力，他们强调研究人、自然界、社会、建筑物以及联系网络之间的关系。同时，《马丘比丘宪章》等文献为城市人居环境建设提供了明确的指导原则，推动了人居环境学的理论与实践相结合。此阶段，学者们还利用现代化的研究手段对未来城市人居环境模式进行了深入探讨。（3）全球化与可持续发展阶段：自 20 世纪 80 年代起，人居环境建设已成为全球性的议题。联合国及其相关机构在此阶段发挥了重要作用，提出了可持续发展的理念，并设立了“世界人居日”等活动。这些举措不仅提高了全球对人居环境问题的关注度，还推动了各国在人居环境建设方面的交流与合作。1992 年的《21 世纪议程》和 1996 年的《人居环境议程》等文件，为人居环境的可持续发展提供了纲领性的指导原则，标志着人居环境学已进入了一个全新的发展阶段。总之，国外人居环境研究虽然由来已久，且重视城乡结合，但关注比较多的是城市人居环境，乡村人居环境涉及较少。

2. 国内研究现状和趋势

自古以来，中华民族崇尚“天人合一”的和谐理念，并将其融入传统建筑与人居环境营造之中。然而，新中国成立初期，受苏联及东欧模式的影响，我国传统居住模式受到冲击。改革开放后，随着生活水平提升，我国的人居环境研究才真正开始具有了中国特色，在理论研究和实践探索中取得了丰硕成果。1993 年，吴良镛先生创立了人居环境科学，强调整体研究人类聚居。近年来，乡村人居环境研究蓬勃发展，学者从规划、建筑等多角度深入探索。赵之枫（2001）和刘晨阳等（2005）分别从规划和建筑的视角出发，深入探讨了乡村人居环境的构建与优化，体现了对乡村建设的细致思考和全面规划。而部彗等（2015）、周侃等（2011）、唐宁等（2018）则从空间尺度的角度，分析了乡村人居环境在不同区域和不同层级下的特征和差异，有助于我们更加精准地把握乡村人居环境的问题和挑战。杨锦秀等（2010）、马婧婧等（2012）等人的研究则关注于特殊地理现象与乡村人居环境之间的关系，为我们理解乡村人居环境的演变提供了重要的背景信息。李伯华等（2014）认为乡村人居环境分为人文环境、地域空间环境和自然生态环境三个部分，强调了三者之间的关联；刘彦随（2017）强调了乡村振兴的重要性，并提出了乡村转型重构与城乡一体化发展的理论、模式、技术、制度与政策综合研究，为乡村振兴提供了新的思路和方向。汪芳（2020）在研究黄河流域人居环境时提出的“地方性”和“适应性”概念，为我们理解人居环境的动态变化和适应性提供了重要的理论基础。于法稳等（2018）则指出了生活污水、生活垃圾对农村人居环境质量的影响，提出了从强化顶层设计入手的解决方案。章文光等（2020）在精准扶贫研究中提到了乡村振兴战略与精准扶贫的有效衔接，以及人居环境整治可以借鉴精准扶贫的成功经验，为我们提供了实践层面的启示。刘守英（2021）从多方力量介入的视角提出了乡村变革的推动力，为我们理解乡村发展的多元性和复杂性提供了重要的思路。

国内外研究为本课题的后续展开奠定了良好的理论基础，但由于我国幅员辽阔，区域差异明显，城市化进展迅速，乡村类型多样，必须因地制宜进行乡村人居环境建设。国内外学术界在农村环境整治领域的研究多侧重于理论探讨，而针对具体案例的深入分析相对匮乏，尤其是对于黄河流域下游农村人居环境整治的研究更是少见。同时，关于农村环境综合整治的具体实施策略与实践经验，其研究广度和深度仍有待拓展与深化。鉴于此，本课题立足前人研究之基，聚焦黄河下游的鲁西南乡村，采用地方性与适应性双重视角，深入剖析黄河流域独特的人居环境特征，并针对现实困境探讨解决策略，以期能够为实现乡村振兴战略，实施乡村建设行动提供理论与实证的支持。

二、研究内容

1. 研究目标

（1）借鉴国外乡村人居环境发展历程，寻求中国特色人居环境发展道路。

发达国家在乡村人居环境建设方面积累了丰富的成功经验，尽管它们的国情、发展阶段及建设模式各异，但这些成功案例无疑为我国提供了宝贵的借鉴与启示。通过系统梳理与分析这些成功实践，我们可以从中吸取有益的经验教训，结合我国乡村的实际情况，创新性地应用于我国乡村人居环境建设中。目前，我们已对启动乡村人居环境建设较早的日本、韩国、英国、美国等国家的成功实践案例进行了实地考察，通过梳理、归纳与总结，从中提炼出国外乡村人居环境的发展战略、发展阶段、解决问题的思路及实施措施，这不仅有助于我们少走弯路，还能加速推动我国乡村环境的改善与提升，为乡村振兴战略的实施奠定坚实基础。

（2）探讨乡村聚落，丰富人居环境科学研究内容。

我国幅员辽阔，人口众多，是一个延续数千年的农耕社会。基于乡村文化、乡村聚落之间的乡村人居环境类型多样、内涵丰富。目前关于各类乡村地域人居环境研究还未深入展开，选取黄河下游的鲁西乡村作为研究对象，秉承区域可持续发展的理念，旨在对比分析不同地域类型乡村人居环境时空变化的差异性，揭示黄河流域下游乡村人居环境的时空特征和演化规律，开拓乡村人居环境研究领域，丰富乡村聚落研究内容。

（3）解决“乡村病”的实际问题，实现乡村振兴战略目标。

本书基于全球城市化和国家乡村振兴战略的大背景，聚焦于生态文明建设的核心，研究黄河流域乡村人居环境的地方性与适应性，并针对现实困境探寻我国城市化进程中，城乡一体化和差异化发展的乡村人居环境优化的路径，解决“乡村病”的实际问题，从而指导乡村人居环境优化整治，实现乡村振兴战略。

2. 乡村人居环境演变规律特征及其形成机制研究

地方性作为地域独特性的鲜明体现，融合了自然风貌与文化底蕴的双重魅力，是人居环境不可或缺的客观标识。它深受自然生态与社会环境的共同影响，并随着外界条件的变迁而动态演变，展现出地域独有的生命力与活力。另外，适应性则是人居环境复杂系统应对环境变化的内在机制，通过自我调节与适应，推动系统持续向前发展。在人类活动的主导下，聚落系统不断根据环境变迁进行适应性调整，核心资源环境需求也随之变化，进而促使人居环境的具体特征与时俱进，不断焕发出新的面貌。

因此，人居环境展现出与自然、社会要素紧密相连的动态耦合特性，构成了一个多元要素交织共融、协同进化、相互影响的复杂系统。在这一系统中，人居环境空间与各类自然、社会要素之间的耦合动力机制，不仅是全球城市化进程中的动态适应策略，更是推动城乡可持续发展的关键动力。这一机制既带来了挑战，也孕育了机遇，促使我们不断探索创新，以实现更加和谐、可持续的城乡发展。

地方性是地域特色的核心体现，融合了自然风貌与文化底蕴，作为人居环境的直观反映，其特性深受自然与社会环境的双重塑造，并随着外界环境的变迁而动态演变。同时，适应性作为人居环境系统的重要特性，指的是系统在面对环境变化时具备的自我调整与优化能力，它是推动系统持续发展的内在动力。在人类聚居的聚落中，随着环境条件的变化，人类为满足不同阶段的资源需求，会主动进行环境适应与改造，从而促使人居环境特征不断演变，展现出与自然、社会要素的紧密耦合关系。这种耦合构成了一个复杂系统，其中各个要素相互进化、相互影响、相互作用。在我国城市化进程中，人居环境空间与自然、社会各要素之间的耦合动力机制显得尤为重要。这种机制呈现出动态、综合、系统性的特征，是城市化进程中不可或缺的一部分。

本书以地方性与适应性为视角，研究黄河流域的乡村人居环境特征，并针对现实困境探讨解决策略和路径，以实现中国乡村振兴战略目标。从复杂系统科学角度讨论人居环境的地方性和适应性，已成为城乡一体化、城乡差异化研究的重要议题，特别是黄河流域，在工业化与快速城镇化时期，其生态环境和社会环境发生了剧变。因而，探讨黄河流域乡村人居环境的地方性和适应性对乡村人居环境演变规律特征的影响及其形成机制，将为黄河流域的乡村振兴战略提供科学支撑。对我国农村人居环境整治存在问题的成因分析，拟从农村人居环境整治政策执行、农民收入、资金投入、农民空间行为以及农村人居环境整治设施的运营机制、评估与监督机制、各部门之间工作协调机制、农民参与机制等各个方面，探寻农村人居环境整治问题存在的根源。拟定农村人居环境整治的思路和对策。

3. 乡村人居环境优化的实证研究

在总结理论研究、国内现状和国外经验的基础上，结合当地实际案例验证分析，以点带面，理论联系实际，探寻乡村人居环境的优化路径与发展模式。提出乡村人居环境整治的政策建议。本课题选取黄河流域下游乡村作为研究区域，泛指山东省西部菏泽、聊城、德州和滨州地市，以及济宁市、泰安市的部分区域，也涉及河南省等周边部分区域。山东西部乡村地区是山东乡村连片面积大、具有独特自然人文演进规律和特征的区域，也是乡村振兴和脱贫致富的重点和难点区域。本课题拟从自然生态环境、地域空间环境和人文环境三个方面对乡村人居环境进行实证研究，通过当地实际案例验证分析，从宏观问题研究到微观问题解决，理论联系实际，试图将实证分析的结论提升到理论层面。梳理当前乡村人居环境建设面临的现状，揭示乡村人居环境建设中存在的问题，系统分析乡村人居环境演变的规律特征与发展趋势，探寻这些问题存在的根源所在和解决路径。

三、研究思路、路径和方法

1. 查找农村人居环境整治工作中存在的主要问题

选取全国典型区域和黄河流域下游具有代表性的村庄作为研究对象，对农村人居环境整治情况进行深入调查研究，重点放在农村生活垃圾处理、生活污水的处理、生产垃圾（农业废弃物、农膜等）处理、厕所革命的进展、村容村貌现状、黄河滩区迁建区人居环境整治工程、传统民居保护与开发等方面。认真梳理当前农村人居环境现状，前期整治取得主要成效，深入剖析总结农村人居环境整治过程中存在的问题与根源。

2. 研究思路

查阅资料，确定方向：先阅读大量有关人居环境及乡村人居环境的相关文献，对乡村人居环境发展的理论基础演变进行深入的比较，了解国内外乡村人居环境研究的现状及发展动向，确立本项目的研究方向。

调查体验，对比分析：通过图书馆、网络、各类统计年鉴等渠道，多方搜集与所做项目有关的文献资料，做好记录和摘抄，进行必要的参考。通过国内外考察对比，以及问卷调查、座谈走访等形式，尤其是对鲁西乡村人居环境进行详细全面实地调查分析，从而获得第一手资料和情景体验。

数据分析，构建模式：在相关软件的支撑下，对获取的资料进行分析整理，明确乡村人居环境建设面临的现状问题，系统总结规律特征，未来发展趋势。对乡村人居环境建设中存在的问题进行分析探讨，基于乡村振兴的目的，应用现代人居环境理论，从人居环境的地方性和适应性的视角，提出切实可行的优化路径和构建区域发展模式。

案例验证反馈，总结推广项目的研究成果，并提出有待进一步研究的问题。

3. 研究方法

（1）文献查阅研究方法。

通过查阅文献资料，将所检索到的资料整理、归纳，分析国内外关于人居环境、乡村人居环境、乡村振兴、新农村建设等方面的主要研究理论，明晰人居环境、乡村人居环境、聚落以及乡村聚落的发展历程、存在问题及发展趋势。

（2）实地调查研究方法（根据德尔菲法中的指标权重排序和村庄属性的影响，提取乡村人居环境建设水平的影响因素，进一步将其与评价结果相结合，认识并解释我国乡村人居环境的若干特征，进而形成提升对策建议）。

通过实地踏勘、社会调查等方法，掌握不同区域条件下的乡村情况，以实际案例为切入点，运用比较、具体问题具体分析的方法，分析预测人居环境、乡村人居环境的特点以及在其发展过程中存在的不足和未来发展路径和情景。在充分、翔实的资料统计与分析的基础上，构建乡村人居环境评价指标体系，进行乡村人居适宜性研究，并有针对性提出改善建议。

（3）时空分析比较研究方法。

通过对国内外乡村人居环境和乡村聚落理论的综合分析，结合实地调研所获取的第一手资料，运用时空分析比较方法，对乡村人居环境进行系统地调查与分析，探讨适合当地实际情况的乡村人居环境优化的方案。

（4）实证案例分析研究方法。

在系统调查乡村人居环境现状、特征及存在问题基础上，从宏观和微观两个层面对乡村人居环境优化进行个案研究。在充分、翔实的资料统计与分析的基础上，构建乡村人居环境评价指标体系，进行乡村人居适宜性研究，并有针对性地提出改善建议。拟以我们团队多年研究的乡村：曹县安才楼镇火神台行政村为案例，进行实证分析。

4. 技术路径

本书研究的技术路径如图 1－1 所示。

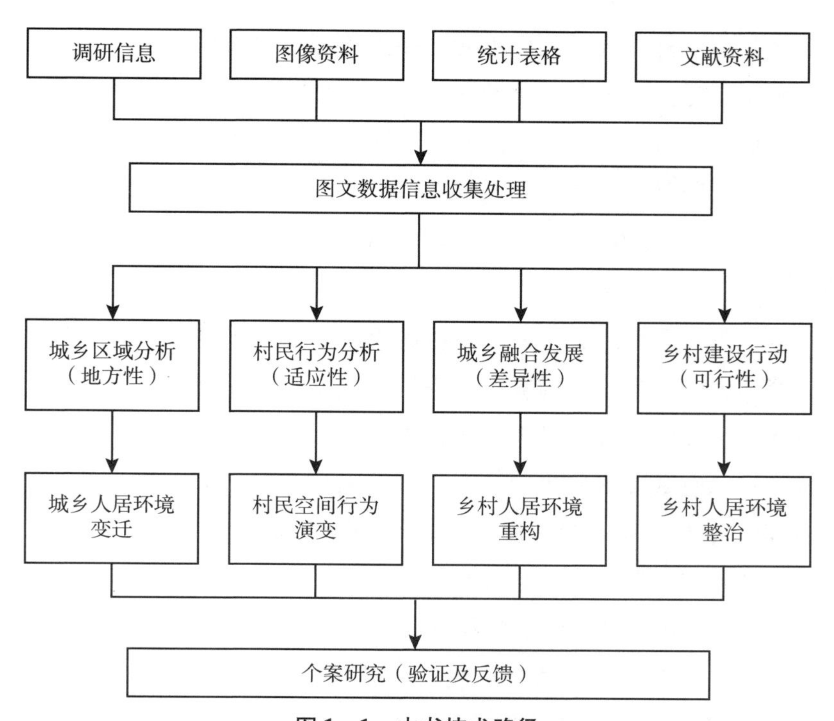

图 1－1 本书技术路径

第二节　创新之处和资料数据来源

一、拟突破的重点和难点

1. 探讨我国快速城市化进程中乡村人居环境转型演变规律及动力机制是我们研究的重点问题

乡村人居环境是一个复杂的系统工程，其演变的驱动因素较多，在我国快速城市化进程中，我们应基于乡村振兴的目的，应用现代人居环境理论，从人居环境的地方性和适应性的视角，提出切实可行的优化路径和构建区域发展模式。本研究以实地调研为基础资料，以黄河流域下游乡村地区为地理单元，探索区域乡村人居环境演变规律和微观机制，为我国新农村建设和乡村人居环境优化整治提供理论参考和决策依据。因此，探析乡村人居环境转型演变规律及动力机制是研究的重点问题。

2. 选择乡村人居环境优化的路径和构建乡村人居环境的发展模式是我们研究的科学难点问题

乡村人居环境是乡村区域内村民生产生活所需物质和非物质的有机结合体，是一个动态的复杂巨系统，包括自然生态环境、地域空间环境和人文环境。长期以来，实行国家城乡二元结构体制和机制，导致优质资源向城市单向集中，乡村经济发展相对滞后，诸如乡村自然生态环境破坏严重、基础设施薄弱、人居环境脏乱差等乡村问题凸显，即所谓“乡村病”，乡村人居环境不容乐观。我们认为“乡村病”是乡村人居环境整治和提升的浅层次焦点和难点问题，同时，我们也探讨了影响乡村振兴和人居环境整治和提升的深层次原因。乡村人居环境的改善整治是一项系统的工程，既牵涉城乡一体化和城乡融合发展，也涉及城乡差异化发展，甚至区域发展与协调的方方面面，致使人居环境优化的路径及乡村人居环境发展模式选择成为一个科学技术难题。

二、突破及创新点

1. 研究理念和方法的创新

本书通过对国内外人居环境和聚落相关文献的梳理和案例分析，针对黄河流域下游乡村人居环境和乡村聚落进行系统分析，探索区域乡村人居环境演变规律和微观机制，为我国乡村振兴战略和乡村人居环境优化整治提供理论参考和决策依据。在乡村人居环境研究和建设中，我们建立并实施两个核心理念，即回归乡村本质，即广空间、小规模、低密度、低强度；重视乡村价值，即生产价值、生活价值、生态价值、文化价值。提炼出黄河流域下游乡村人居环境特征及转型演变规律，并探讨其优化路径及发展模式，对我国乡村人居环境和聚落现状和建设水平进行评价，并初步总结乡村人居环境建设特征；尝试分析德尔菲法中的指标权重排序和村庄属性的影响，提取乡村人居环境建设水平的影响因素，进一步将其与评价结果相结合，认识并解释我国乡村人居环境和乡村聚落的若干特征，进而形成提升对策建议。本书填补了人居环境区域和乡村聚落研究空白，开创了科学研究新天地。

2. 研究视角和路径的创新

本书在我国快速城市化的背景下，基于乡村振兴的目的，应用现代人居环境理论，从乡村人居环境的地方性和适应性的理论视角，从城乡一体化和城乡融合发展的实践视角，以问题为导向，直面乡村人居环境整治的顽疾“乡村病”，提出切实可行的优化路径和构建区域发展模式。“乡村病”是乡村人居环境整治和提升的浅层次焦点和难点问题，是治标阶段；影响乡村振兴和人居环境整治和提升还有深层次的原因，还要走向治本阶段。本书探讨了乡村振兴背景下乡村人居环境优化改善的问题，开创了科学研究新视野。

三、研究材料和数据

1. 文字图表影像等材料来源

党和国家有关法规和文件政策；社会调研获得的第一手资料；公开发表的国内外前期研究成果和调研报告；本研究团队的研究成果和调研报告。

2. 研究数据来源

《中国统计年鉴》《中国农村统计年鉴》《中国城乡建设统计年鉴》《中国环境统计年鉴》及国家认可的正式出版物数据。

构建指标体系。在前人研究的基础上，依据乡村振兴有关法律法规、政策文件要求，构建农村人居环境整治具体指标体系。以典型案例分析区的生产环境、生活环境、生态环境等作为研究样板，然后演绎推导到抽样调查区域和国家层面。本研究的指标体系以客观性指标体系为主，还包括匡算和主观评价结果，以及前期研究成果的采用延伸。

对应发展过程的时间段划分。时间段主要是党的十八大、十九大和二十大以来，为了便于历史发展比较，个别指标的时间追溯到改革开放前后。

第二章

理论基础与政策文件

第一节 概念界定和理论基础

一、乡村及其功能

1. 乡村（rural/country）是对现存人类生活空间的描述

“rural”最初源自拉丁语，意为乡下的、农村的，被作为名词来指代来自乡村的人，后来演化为指代城市之外的地区，偏重于客观自然属性的描述；“country”也起源于拉丁文，原意为某一领地周围的土地，后来则指对立于城市而存在的土地，或者属于某一特定民族或国家的领土，相对带有较多的社会文化的内涵（龙花楼，2012）。

乡村土地利用是粗放的，尤其是农业和林业等土地利用特征明显；稀小和低层次的聚落，表达出所独有的广阔自然景观背景下的建筑物与周围环境空间匹配范式；乡村生活的环境与行为，是其简约人文景观的有机构成，表现出特有的乡村生活方式（王云才等，2013）。

总之，乡村是人类聚落发展过程中的一种较为低级的形式，是城市聚落的初级形态，一般来说，先有乡村聚落，后有城市聚落。根据《乡村振兴促进法》的规定，乡村是指城市建成区以外具有自然、社会、经济特征和生产、生活、生态、文化等多重功能的地域综合体，包括乡镇和村庄等。这一定义明确了乡村的地理范围、功能特征以及社会构成，为我们理解和分析乡村提供了法律依据和理论指导。

2. 乡村的起源与演变

乡村的起源远早于城市，它是人类聚居本性和需求的自然产物。自从人类诞生，他们就开始在与自然界的互动中，寻求适宜的聚居方式，进而促成了分散的乡村聚落的形成。这种聚居模式的出现，与人类社会的第一次大分工，即农业和畜牧业分离密切相关的。

原始社会末期，生产力发展，出现了第一次社会大分工，农业使人类从社会其余野蛮民族中分离出来，人类最初通过利用大河流域的土地、使用简单的生产工具创造了丰富的生活资料，突破了先前只有性别和年龄分工的历史阶段，并逐渐由迁徙农业过渡到定居农业。早期的乡村形态呈现为临时性与流动性，伴随着生产力的进步与生活模式的演变，人类逐渐倾向于在特定区域定居，进而演化出稳定且集中的居住模式——乡村。在中国，考古学发现揭示了新石器时代前期已存在古村落遗迹，如浙江河姆渡与陕西半坡村等，这些遗址标志着中国乡村历史的深远起源。

在人类早期阶段，乡村在生产与生活中占据了举足轻重的地位。首先，乡村通过一种无形的纽带将村民紧密联结，使他们能够集结力量，共同推动生产发展，提升生活品质。其次，乡村的形成促进了区域内经济与文化的交融，这不仅加快了整体生产力的提升，还推动了生产关系的适应性调整。随着乡村的形成，不同地域间的生产和生活资料交换变得更为频繁和紧密，加强了彼此之间的联系。此外，乡村在维护人类文化多样性方面发挥了关键作用。乡村是人类在进化过程中适应环境、与自然斗争并取得胜利的产物。在漫长的岁月中，乡村文化得以孕育、积淀和传承，成为人类文化宝库中的瑰宝。乡村不仅承载着丰富的历史记忆，还孕育着独特的民俗风情和乡土文化，为人类文化的多样性贡献了宝贵的财富。

3. 乡村振兴视角下的乡村所特有的功能

城镇与乡村，作为国家发展的两大支柱，各自肩负着独特的功能，相互依存，共同支撑起国家持续健康发展的基石。从更广阔的视角审视，它们无疑是紧密相连的命运共同体。城镇以其强大的集聚效应，汇聚资金、劳动力和技术等多元要素，通过深度融合与激烈碰撞，激发创新的火花，引领发展的潮流。而乡村则承载着守护自然生态、传承文化根脉的重任，为城镇的发展提供坚实的后盾与丰富的资源。两者在创新发展中各有侧重，但均不可或缺，共同推动国家与民族的繁荣进步。城市的创新不仅推动了新技术的诞生和新理念的传播，更为一个地域乃至一个国家带来了全新的生产和生活方式，成为推动经济社会发展的增长极。而乡村的创新，并非简单的技术革新或模式复制，而是建立在守护与传承的基础之上，通过对本土文化的深入挖掘和创造性转化，形成独特的乡村发展道路。乡村特有的功能主要体现在以下三个方面。

一是乡村在保障国家粮食安全和关键农产品供给上扮演着重要角色，这一职责是城镇所无法替代的。随着城镇化的加速与人口的不断集中，乡村这一功能的重要性越发明显。

二是乡村是生态保护与生态产品供给的关键力量。城镇经济虽然繁荣，但受限于其有限的国土面积占比，难以全面保障国家生态安全。而乡村，凭借其广袤的地域和丰富的自然资源，自然而然地成为国家生态安全的守护者。

三是乡村肩负着独特使命，即传承国家、民族及地方优秀传统文化的重任。与城镇文化的多元交融不同，乡村文化深深根植于本土历史之中，展现出鲜明的民族特色与地域风情。这种文化的延续，对于国家抵御外界挑战、维护文化多样性以及推动民族复兴进程，具有不可替代的重要价值。

4. 黄河下游村庄演变及特征

黄河流域在新石器时期便孕育了聚落，并逐步演化为氏族部落。

这些氏族在治理黄河水患的过程中，孕育出了夏王朝的雏形。随后，商朝的统治重心主要聚焦于黄河中下游地区。春秋战国时期，黄河下游地区迎来了农业文明的繁荣，齐、鲁、卫、郑等国在这片土地上扩展了政治版图。进入秦代，国家中心逐渐向黄河中游转移，但下游地区依然保持着较高的人口密度，交通设施如驿道和渡口也相应增加。北宋时期，中原文明和人口密度达到了鼎盛状态。然而，近代以来，黄河下游地区频繁受到战乱影响，村庄发展受到了严重的冲击，甚至出现停滞或倒退。新中国成立后，土地制度的改革为农民带来了土地所有权，乡村地区开始以互助组、合作社的形式组织起来，几户村民组成一个小组，共同劳作，逐步形成了如今黄河下游地区村庄的雏形。

（1）传统村落。

传统村落，也被称为古村落，是那些承载着深厚历史、文化和社会价值的村落，应受到特别保护。这一评定工作最初由住房和城乡建设部、文化部以及财政部共同负责。截至 2018 年，山东省的传统村落数量为 125 个，河南省则为 205 个，两省的传统村落数量均未能达到全国平均的 220 个。进一步分析第一批至第五批中国传统村落名单可以发现，两省沿黄地区的传统村落数量相对较少，而其他地区的数量则较为丰富。具体而言，山东省沿黄地区的传统村落仅有 20 个，占全省总数的 16%；河南省沿黄地区的传统村落数量为 23 个，仅占全省总数的 11.2%。

（2）历史文化名村。

中国历史文化名村是指由住房和城乡建设部与国家文物局共同组织评选的，保存文物特别丰富且具有重大历史价值或纪念意义的，能较完整地反映历史传统风貌和地方民族特色的村庄。截至 2019 年，山东省共有中国历史文化名村 11 个，河南省共有中国历史文化名村 9 个。与全国平均的 16 个村庄相比，两省的国家级历史文化名村数量均处于较低水平。

（3）传统民居。

在营建传统民居时，人们通常遵循一系列原则，旨在最大化地利用地形、减少土石方工程量、优化居住便利性，并改善整体居住环境。在黄河下游地区，地形地貌对民居形式产生了显著影响，形成了各具特色的民居类型，如低山丘陵地区的特色民居、平原地区的传统住宅、入海口区域的土坯房以及胶东地区独特的海草房等。

二、人居环境和乡村人居环境

1. 人居环境和乡村聚落

1968 年，道萨迪亚斯在其著作《人类聚居学》一书中提到，人类聚居是地球上可供人类直接使用的、任何形式的、有形的实体环境；人类聚居不仅是有形的聚落本身，也包括了聚落周围的自然环境；人类聚居还包括了人类及其活动，以及由人类及其活动所构成的社会；人类聚居实际上是整个人类世界本身。这是人居环境概念的最初阐释。中国对人居环境系统研究始于 20 世纪 90 年代，涵盖了建筑学、地理学以及社会政治学等多个学科领域。在这一领域，吴良镛等科学地构建了人居环境研究的框架，并将其置于一个开放的、复杂的巨系统内进行综合分析，以此更全面地理解和改善人类的居住环境。

乡村聚落，作为地理学中的一个独特概念，与城市形成鲜明对比，其核心在于农业经济的支撑与人口的相对分散布局。从地理学维度审视，集镇作为乡村聚落的一种特定形态，汇聚了少量非农业人口与商业活动，扮演着连接农村与城市的桥梁角色。转向生态学视角，乡村则聚焦于人口在广阔地域内的稀疏分布格局，特别是那些拥有开阔空间、低密度聚落的生态区域。

2. 乡村人居环境

乡村人居环境是一个独特且综合的复合系统，它与城市环境在多个维度上都有所不同，包括自然、社会、经济和文化等方面，是社会的、地理的、生态的综合表达。乡村居民作为其主要活动主体，他们的生产和生活活动都在特定的地表空间内进行。乡村人居环境涵盖了人文环境、地域空间环境和自然生态环境三个核心部分。这三者相互交织、相辅相成，共同塑造出乡村人居环境的完整面貌。其中，自然生态环境提供了乡村生活的自然基底和生态支撑，地域空间环境是乡村居民生产生活的空间载体，人文环境是乡村居民生产生活的社会基础。进一步来看，自然生态环境和人文环境共同构成了乡村居民生产生活的外部环境，而地域空间环境则是其核心和关键部分，它不仅体现了人居环境的主体地位，还是乡村居民创造和享受生活的重要空间（李伯华 2014）。在乡村人居环境研究和建设中，我们建立并实施两个核心理念，即回归乡村空间本质，即广空间、小规模、低密度、低强度；重视乡村功能价值，即生产价值、生活价值、生态价值、文化价值。

3. 乡村人居环境研究随人居环境学科兴起而繁荣

2004 年联合国世界人居日以“城市—乡村发展动力”为主题，显著促进了乡村人居环境研究的深入。国际上，该领域聚焦于乡村聚落及其地理理论框架、区位选择、形态演变、土地利用模式、逆城市化趋势下的乡村迁移、环境动态及其驱动机制、规划建设与可持续发展策略。

在国内，乡村人居环境研究同样蓬勃发展，核心聚焦于乡村聚落的演变，特别是在城市化浪潮下，乡村聚落与城乡空间关系的重构及其背后的影响机制。此外，还广泛涉及乡村环境研究，包括从自然地理学视角探讨乡村自然环境的变迁，以及从社会地理学维度解析乡村传统文化的演变。在人居环境认知与评价方面，国内研究侧重于空间偏好与居民满意度等主观感受的探讨；而在人居环境建设领域，则致力于提出切实可行的改善策略与方案。

三、乡村居民行为

1. 乡村居民

对于乡村居民的概念，目前并没有形成统一的定义。不同的学者从各自的研究视角对“乡村居民”的概念形成了不同认识，多数使用

"农民""新型农民""乡村农民""农户"等概念。阎登科等（2014）等认为"新型农民"是指"从事农业生产的社会群体或阶层"，具备身份识别、职业特征及区域指向三大社会功能。张春莲（2008）将"新型农民"定义为是以追求利益最大化为动机且以从事现代农业生产、农业经营或农业服务等产业为主的具有企业家精神的农民。高建民（2008）认为"农民"是具有农业户口、在农村从事生产生活以及与土地存在天然联系的劳动者。李伯华等（2014）将"乡村居民"使用"农户"概念，定义为居住在农村地域范围内（在城镇没有房屋产权）的居民。

从社会学视角看，"乡村居民"与"农户"、"农民"均体现职业与身份的双重性。其职业属性为"farmer"，即从事现代农业相关活动的人群；而身份属性"peasant"则源于古法语，带有贬义，常与"未开化、低下"等概念关联，反映了乡村居民与城市人的区别。在发达国家，这一群体更多被视为职业身份，而在发展中国家，它同时承载着社会等级、身份、生存状态等多重含义，成为社区乃至社会的组织与文化模式的一部分（秦晖，1994）。

从经济学层面分析，"乡村居民"指专注于农业经营与生产的经济实体，这一定义凸显了他们的经济属性，明确了其从事的农业产业领域以及以家庭成员为主要劳动力的家庭式生产方式。

在政治学视角下，农户作为国家公民，与市民在法律地位上并无高低之分，仅是社会分工的差异，他们享有相同的权利并承担相应义务，体现了其独立的政治地位。

在当代中国的城乡融合背景下，乡村居民的定义正经历深刻变迁。综合学者研究成果，我们可以从个体属性、职业身份及收益来源三个维度，对乡村居民进行新的界定。除了传统农业从业者外，还涵盖了长期居住乡村，通过外出务工、个体经营、涉农企业等多种非传统农业方式谋生，以满足其多元需求的个体。为深化研究，针对黄河下游地区乡村居民就业的多样化特点，进一步细化分为三类：纯农乡村居民，这类居民仅专注于种植业或养殖业；兼业乡村居民，这类居民在农业与非农活动间灵活切换，如农闲时从事非农工作；而非农乡村居民，他们主要依赖外出务工、个体经营或涉农企业等非农职业为生。这样的分类有助于我们更具体地理解和研究乡村居民的现状与发展趋势。

2. 乡村居民行为

乡村居民行为通常被划分为“乡村居民时空行为”与“乡村居民经济行为”两大类别。这两者既有显著区别，又相互关联，都围绕着“行为”这一核心概念展开。根据《中华大辞典》和《决策科学辞典》的释义，行为被视为人有意识、有目的的活动，并具备自主性、起因性、目的性、持续性和可变形等特征。因此，乡村居民的时空行为和经济行为均是在特定社会经济条件下展现的、具有明确目的的活动。

乡村居民经济行为主要指的是农村居民家庭（个体或群体）为了满足物质和精神需求，通过生产、交流、分配、消费等经济活动所展开的一系列过程。而乡村居民时空行为则更多地强调了时间和空间的维度，它不仅涉及乡村居民在空间位置上的移动，还涉及对空间资源的占用和竞争。乡村居民的时空行为实质上是空间位置变化与资源利用的综合体现，其研究重点在于居民活动与所处空间之间的动态关系，以及如何将时间、空间和属性信息融合于同一分析框架。

乡村居民时空行为与经济行为之间的联系在于，经济行为往往发生在特定的地域空间内，而时空行为则伴随着这些经济活动的进行。两者的区别在于，经济行为侧重于经济活动的本质和过程，而时空行为则更多地关注于这些活动在空间和时间上的表现。本书无意探讨乡村居民的经济行为，而是着重研究乡村居民行为的空间变换与乡村人居环境变化的关联效应。但二者有较为密切的联系，需要做规范的界定。

四、乡村居民行为分析的理论基础

1. 行为地理学的空间行为研究

行为地理学聚焦于人类行为与环境知觉的关联，特别关注这些内在心理变化如何反映在外在行动上。这些行为涵盖了从环境信息的感知、评价到最终决策的全过程，它们共同塑造了人类的行为空间和区位选择。农户的行为空间选择也遵循这一逻辑。

空间行为，本质上是一种位置消费，涉及从一个区位到另一个区位的移动决策。沃尔波特提出的地点效用概念，概括了迁移决策的基础，即家庭认为在其他地方能获得更高的满足水平。如果需求得不到满足，会产生压力，进而转化为行动的动力。具体而言，这一过程涉及对目标的渴望、价值系统的评估、信息的筛选、行动计划的制订和实施。这些步骤共同构成了空间行为决策的核心，对于理解人类如何在地理空间中选择行为模式具有重要意义。

在需求—决策循环中，人们的行为是动态的，他们会根据满足程度调整自己的目标。这种调整遵循马斯洛的需求层次理论，从生理到自我实现逐步升级。然而，具体行动中，人们可能因环境变化或个人经历而向上或向下调整需求。初始需求往往受过去经验影响，但每次决策后，人们会根据满足程度调整搜索范围和需求水平（乔观民，2005）。

对于农户而言，他们的空间行为也随需求调整而变动。当空间消费欲望增长时，农户会扩大搜寻范围以满足需求，但一旦找到满足需求的新空间，扩张就会停止。这种空间扩张遵循距离衰减规律，且不同群体的扩张幅度也不一样。当农户的空间行为超出其地理认知范围时，可能会表现出方向的偏移规律。

2. 迁移决策行为模型

沃尔波特引入地点效用概念后，人们一直尝试建立居民迁移决策行为模型。布朗和摩尔（Bromn and Moore）的迁移模型成为研究居民迁移行为的重要框架（王兴中和郑国强，1988）。该模型强调家庭对环境压力的适应，尤其是当期望、需求及住宅、环境特征变化导致地点效用低于某门槛时，家庭会考虑迁移。然而，这并不意味着迁移必然发生，家庭有时可通过调整期望或改善条件来避免迁移。

随着收入增加，农户更加关注生活的质量，对居住空间的需求更加个性化和多样化。小家庭增多和攀比心理加剧了农户对居住空间的需求压力。在选择新地点时，农户不仅看重其经济价值，还关注风水、人文环境、邻里关系等因素。然而，布朗和摩尔的模型未明确地点效用的具体表现，且忽视了迁移的阻力因素，如土地限制、个人评价不确定性和规划制约等。因此，在分析中国农户居住空间迁移时，需综合考虑地点效用和迁移的可行性，以确保决策的准确性和可行性。

3. 空间行为与社会空间结构

行为地理学在20世纪七八十年代衰落，因其机械实证主义的空间行为解释受到结构主义者的批评。结构主义者认为，行为地理学忽视了深层次的社会结构问题，过分关注个人认知和偏好。实际上，空间行为影响社会空间结构，包括城市和乡村。现代研究更强调人与环境的互动，而非单纯的环境对人的影响。芝加哥学派的城市空间结构模式，如同心圆和扇形模型，是基于人的行为分析得出的，反映了空间行为的社会化表现。同样，农户的空间行为也随城市化进程和社会分工细化而复杂化，影响乡村社会结构的分异和重构。

与城市社会相似，农户的空间行为同样深刻影响着乡村社会空间结构的演变。在传统乡村社会中，经济社会的同质性导致农户的行为空间范围相对局限，行为特征趋于一致，因而对乡村社会空间的影响微乎其微。然而，随着城市化的迅猛发展和社会化分工的日益细化，农户的生活方式及行为空间呈现出前所未有的复杂性。不同社会背景的农户基于各自利益诉求形成多样化群体，这一现象势必引发乡村社会结构的分异与重构，进而打破传统乡村人文环境的稳定状态。因此，在探究农户空间行为时，我们不仅要聚焦于其行为的空间过程，更应深入剖析其产生的空间社会效应和空间效应。

五、行为—环境相互作用理论

传统的地理环境决定论主张自然地理环境主导人类社会发展，认为环境对人类命运具有重大影响。尽管这一观点备受争议，但其强调环境对人类活动的重要性仍有其合理性。随着技术进步和人类改造自然能力的增强，人们逐渐认识到人类与自然环境是相互依存、相互作用的。长期以来，人们对向自然过度索取的后果缺乏足够认识。改革开放后，经济建设为主导，环境效应往往被忽视。近年来，面对自然界的种种问题，人们开始加强环境意识和治理。在此背景下，农户空间行为在城市化进程中与自然环境的交互，无论其合理性，均对自然环境产生影响。因此，基于行为—环境相互作用原理，我们需深入分析农户空间行为对自然环境的人居效应，以促进可持续发展。

六、地方性和适应性

1. 地方性

地方性源自自然与文化的深度融合，为人居环境烙上了独特的印记。自然要素，尤其是地形与气候，是地域差异的决定性因素，它们不仅塑造了生产方式，还深刻影响着居住单元与聚落的形态。以华北平原为例，黄河的频繁泛滥促使城乡聚落发展出独特的洪涝适应性特征，如鲁西南地区的堌堆遗迹便是这一过程的见证。与此同时，社会要素在地方性表达中同样占据举足轻重的地位。建筑风貌与聚落特色，往往紧密关联于当地的文化传统与工艺精髓。资源分布与生产方式的变迁，则成为推动城镇发展与社会重构的重要力量。值得注意的是，地方性的客观特征并非静止不变，它们会随着外部环境的变迁而动态演化，展现出强大的适应性与生命力。

2. 适应性

适应性作为系统应对环境变化的关键自我调节机制，构成了人居环境复杂系统持续运作的核心引擎。面对环境的持续变迁，以人类活动为中心的聚落体系会灵活调整，以适配不同发展阶段中对核心资源环境要素的需求变化。由此，人居环境的具体面貌会紧随自然与社会条件的变动而动态重塑，构建起一个协同进化、互动影响的复杂系统生态。在复杂系统科学的透镜下，探究人居环境的适应性已成为推动可持续发展的核心议题之一。尤其是在黄河流域，工业化与城镇化进程的加速正深刻改变着区域的生态环境与社会结构，这迫切需要我们深入剖析人居环境的适应性机制，以期为流域的可持续发展路径提供坚实的科学支撑与战略指引。

七、农村人居环境整治

也称乡村人居环境整治，我国出台了《乡村振兴战略规划（2018－2022年）》《农村人居环境整治三年行动方案》《农村人居环境整治提升五年行动方案（2021－2025年）》等文件，为推动农村人居环境整治提升指明了方向、提供了保障。党的二十大报告强调，要提升环境基础设施建设水平，推进城乡人居环境整治。深入推进农村人居环境整治，为全面推进乡村振兴、加快农业农村现代化、建设美丽中国提供有力支撑。

1. 农村厕所革命务实推进

自2018年起，全国已改造农村户厕超过4000万户，至2021年底，全国农村卫生厕所普及率突破70%。在基础条件较好的地区，如东部和中西部城市近郊区，普及率更是超过90%。厕所革命的成功推进显著改善了农村居民的生活环境，提升了生活质量，进一步增强了农村居民的幸福感。

2. 农村生活垃圾治理稳步推进

因地制宜完善农村生活垃圾收集、转运、处置设施和模式。通过强化源头分类减量和再生资源回收利用，确保治理工作稳健推进。到2021年底，全国90%以上的自然村已实现对农村生活垃圾的有效收运处理。此外，针对条件成熟的乡村，逐步推广生活垃圾分类，并显著提升了农村居民的分类意识和分类的精确度，从而促进了农村生活垃圾治理的深入发展。

3. 农村生活污水治理有序实施

治理模式持续优化，治理领域持续拓宽，治理机制日益健全，治理能力显著增强。历经十年发展，乡镇污水处理厂及污水处理装置的处理能力均实现了跨越式提升，每日处理能力大幅增强。

4. 村容村貌整治提升明显加速

农村清洁行动持续深化，全国超95%的村庄参与，从卫生大扫除发展到全面垃圾清理和环境整治，村容村貌从基础整洁迈向系统健康，为生态宜居的美丽乡村建设打下坚实基础。同时，乡村绿化美化工作也日趋务实，注重从农村实际和农民需求出发，因地制宜地实施，并在长效机制和村规民约的支持下，进一步加速和提升乡村环境整治与美化工作。

八、宜居宜业和美乡村

“宜居宜业和美乡村”，是党的二十大提出的乡村振兴的一项重大任务，与过去的“宜居宜业和美丽乡村”的目标表述相比较，“美丽”变成了“和美”，有其新的含义。

1. 宜居乡村，让城市人羡慕

一是住房舒适。乡村拥有宽敞的住宅空间与多功能院落，是城市居民所羡慕的优势。为确保乡村住宅的舒适度，需结合现代设计理念，通过专业团队在采光、保温、通风等方面进行创新设计，同时保持对乡村传统风貌的尊重与融合。

二是要整洁卫生。乡村环境卫生的改善是乡村治理的重要任务。乡村作为生态文明的典范，应继续秉持尊重自然、顺应自然的智慧。在提升乡村环境时，不应摒弃乡村传统，更应避免简单地将城市治理模式套用于乡村。相反，应汲取传统文化的精髓，借助现代科技为乡村赋能，实现乡村环境与文化传统的和谐共生。

三是生活便利。生活便利包括生产资料、生活资料获取的容易程度、成本的高低等。乡村自给自足的生活方式更是显著降低了生活成本，满足了居民多样化的生活需求，并深刻体现了低碳生活的环保理念。因此，我们应当进一步加大乡村基础设施建设的力度，不断提升乡村生活的便捷性和舒适度。

四是办事快捷。办事难是很多乡村面临的问题，部分行政部门存在相互推诿、缺乏主动服务责任意识，导致简单事务久拖不决，这不仅损害了政府的公信力，也严重挫伤了农民的积极性。乡村行政服务的改善是解决农民办事难的关键。因此，应推行“一站式服务”，简化办事流程，推广乡村代办员制度，为农民提供高效便捷的行政服务。同时，应加强行政部门的责任意识，避免推诿扯皮现象的发生。

五是方便交往。乡村建设应致力于修复淡化的村民关系和紧张的干群关系。通过建设乡村公共空间等方式，为村民提供交往与交流的平台，增强乡村社会的凝聚力与和谐度。

2. 宜业乡村，让产业更兴旺

和美乡村的构建与居民的安居乐业紧密相连，其中，促进本地就业机会、实现村民就近就业构成了该进程中的基石。家庭农场的兴起，作为一股新兴力量，不仅构筑了新型农业经营体系的坚实支撑，还为农业领域的未来之星提供了宝贵的培育土壤。通过实施适度规模化的经营模式，并结合产业间的深度融合，家庭农场有效激发了农业的内在活力，使其展现出前所未有的吸引力与成长潜力。此外，这一模式还促进了小型加工产业与乡村手工业的繁荣，为农村经济注入了新的活力源泉，进一步拓宽了村民的增收渠道，增强了乡村自我发展的能力。以和美乡村的理念审视乡村就业市场，我们不难发现，就近就地就业在乡村拥有巨大的潜力和空间。乡村建筑业对于技术人才的需求日益增长，物业管理和老年服务领域也为劳动力提供了广阔的市场。同时，民俗经营作为乡村就业的新业态，在多个地区崭露头角，成为推动乡村经济发展的新动力。此外，乡村文化建设与服务领域同样蕴藏着巨大的就业机会，为乡村居民提供了多样化的职业选择。

3. 和美乡村，农民的幸福家园

在乡村建设中，有时“美丽”被片面理解为草坪、花卉和景观树，导致菜地、果树被替代，忽视了自然的和谐与人的需求。真正的“美丽”在于和谐，包括人与自然的和谐、人与人的和谐。和美乡村建设应首先尊重自然，保护乡村原有的生态环境和风貌，不盲目拆建、填湖、砍树，而是要在原有的乡村形态上实现现代化。同时，乡村建设应追求多样化、特色化、个性化，避免“一刀切”式的整齐划一，保留地方特色。此外，和美乡村还应弘扬“和善有爱”的道德观，遵循乡村发展规律，体现乡村特点，保留乡土味道和风貌，留住田园乡愁。同时，构建和谐的城乡关系，实现城乡功能互补和融合发展，而非简单地将城市模式套用于乡村。简言之，和美乡村建设应追求自然与人文的和谐统一，尊重传统与现代的结合，让乡村在保留其独特魅力的同时，实现现代化发展（朱启臻，2022）。

第二节　政策文件和实践示范

一、乡村振兴战略

2018年1月2日，中共中央、国务院发布了《关于实施乡村振兴战略的意见》。这一战略是党的十九大确立的重要政策方向，旨在全面推动乡村振兴，确保小康社会的全面建成，并为社会主义现代化国家的建设奠定坚实基础。农业农村农民问题是关系国计民生的根本性问题。

1. 提出实施乡村振兴战略的总体要求，涉及本书的重要内容

指导思想。按照产业兴旺、生态宜居、乡风文明、治理有效、生活富裕的总要求，建立健全城乡融合发展体制机制和政策体系，统筹

推进农村经济建设、政治建设、文化建设、社会建设、生态文明建设和党的建设，加快推进乡村治理体系和治理能力现代化，加快推进农业农村现代化，走中国特色社会主义乡村振兴道路，让农业成为有奔头的产业，让农民成为有吸引力的职业，让农村成为安居乐业的美丽家园。

目标任务。按照党的十九大提出的决胜全面建成小康社会、分两个阶段实现第二个百年奋斗目标的战略安排，实施乡村振兴战略的目标任务是：

到2020年，乡村振兴取得重要进展，制度框架和政策体系基本形成。农业综合生产能力稳步提升，农业供给体系质量明显提高，农村一二三产业融合发展水平进一步提升；农民增收渠道进一步拓宽，城乡居民生活水平差距持续缩小；现行标准下农村贫困人口实现脱贫，贫困县全部摘帽，解决区域性整体贫困；农村基础设施建设深入推进，农村人居环境明显改善，美丽宜居乡村建设扎实推进；城乡基本公共服务均等化水平进一步提高，城乡融合发展体制机制初步建立；农村对人才吸引力逐步增强；农村生态环境明显好转，农业生态服务能力进一步提高；以党组织为核心的农村基层组织建设进一步加强，乡村治理体系进一步完善；党的农村工作领导体制机制进一步健全；各地区各部门推进乡村振兴的思路举措得以确立。

到2035年，乡村振兴取得决定性进展，农业农村现代化基本实现。农业结构得到根本性改善，农民就业质量显著提高，相对贫困进一步缓解，共同富裕迈出坚实步伐；城乡基本公共服务均等化基本实现，城乡融合发展体制机制更加完善；乡风文明达到新高度，乡村治理体系更加完善；农村生态环境根本好转，美丽宜居乡村基本实现。

到2050年，乡村全面振兴，农业强、农村美、农民富全面实现。

基本原则。坚持城乡融合发展。坚决破除体制机制弊端，使市场在资源配置中起决定性作用，更好发挥政府作用，推动城乡要素自由流动、平等交换，推动新型工业化、信息化、城镇化、农业现代化同步发展，加快形成工农互促、城乡互补、全面融合、共同繁荣的新型工农城乡关系。

坚持人与自然和谐共生。牢固树立和践行“绿水青山就是金山银山”的理念，落实节约优先、保护优先、自然恢复为主的方针，统筹山水林田湖草系统治理，严守生态保护红线，以绿色发展引领乡村振兴。

坚持因地制宜、循序渐进。科学把握乡村的差异性和发展走势分化特征，做好顶层设计，注重规划先行、突出重点、分类施策、典型引路。既尽力而为，又量力而行，不搞层层加码，不搞一刀切，不搞形式主义，久久为功，扎实推进。

2. 推进乡村绿色发展，打造人与自然和谐共生发展新格局

乡村振兴，生态宜居是关键。良好的生态环境是乡村的核心竞争力，也是农民宝贵的财富。为了促进乡村自然资本的增值，实现经济繁荣与生态美丽的双赢，必须坚持尊重、顺应和保护自然的原则。

加强农村突出环境问题综合治理。第一，强化农业面源污染防治，通过绿色发展行动减少化肥和农药的使用，实现农业投入品减量化、生产清洁化，并推动废弃物资源化利用和产业模式的生态化转型。第二，注重农村水环境的治理和饮用水源的保护，建设生态清洁小流域，同时扩大华北地下水超采区的综合治理范围。第三，对重金属污染耕地进行防控和修复，探索土壤污染治理与修复技术，并加大对东北黑土地的保护力度。第四，实施流域环境和近岸海域的综合治理，严禁工业和城镇污染向农业农村转移，确保环境质量的持续改善。第五，加强农村环境监管能力建设，明确县乡两级在农村环境保护中的主体责任，形成合力，共同推动农村环境的持续改善。

3. 提高农村民生保障水平，塑造美丽乡村新风貌

乡村振兴，生活富裕是根本。要坚持人人尽责、人人享有，按照抓重点、补短板、强弱项的要求，围绕农民群众最关心最直接最现实的利益问题，一件事情接着一件事情办，一年接着一年干，把乡村建设成为幸福美丽新家园。

持续改善农村人居环境。实施农村人居环境整治三年行动计划，此计划聚焦农村垃圾处理、污水治理和村容村貌提升，通过整合资源和强化措施，有序推进解决农村人居环境的突出问题。在“厕所革命”方面，应坚持不懈地推进农村户用卫生厕所的建设和改造，并同步实施粪污治理，以实现农村无害化卫生厕所的全覆盖。这将显著提升农民的生活品质。总结并推广适用于不同地区的农村污水治理模式，提供技术支撑和指导。深化农村环境综合整治，特别是在北方地区推动农村散煤替代，鼓励有条件的地方采用煤改气、煤改电和新能源等清洁能源。逐步建立农村低收入群体的安全住房保障机制，并强化新建农房的规划管控，对“空心村”进行服务管理和改造。在保护乡村风貌方面，我们开展田园建筑示范，培养乡村传统建筑名匠，并实施乡村绿化行动，全面保护古树名木。这些举措旨在持续推进宜居宜业的美丽乡村建设，为农村居民创造更加美好的生活环境。

二、全面落实乡村振兴战略需扎实稳妥推进乡村建设

乡村建设事关农民切身利益、农业现代化和农村长远发展，全面落实乡村振兴战略需扎实推进乡村建设。中央强调乡村建设要扎实推进，对乡村建设实施机制、农村人居环境整治提升、重点领域基础设施建设、数字乡村建设、基本公共服务县域统筹等作出具体部署（黄季焜，2022）。

1. 健全乡村建设实施机制

扎实稳妥推进乡村建设必须有健全的实施机制。只有实施更加适合本地实际需求的乡村建设项目，并充分发挥农民和村庄在乡村建设中的积极性和能动性，乡村建设才能事半功倍。因此，健全的实施机制不仅是农村人居环境整治、基础设施建设、数字乡村发展以及基本公共服务供给的坚实后盾，更是确保乡村建设真正惠及农民、实现成效并有序进行的关键所在。2022 年一号文件强调乡村建设实施机制，而 2023 年则更聚焦农民需求，提倡“乡村振兴为农民而兴、乡村建设

为农民而建”。实施上，需加快推进村庄规划编制，启动乡村建设行动，防范债务风险，优化项目审批，明确基础设施管护责任。在保护传统村落方面，需实施“拯救老屋行动”。然而，北大调研显示，农民需求与实际建设项目存在较大差异。农民最迫切需求的项目包括道路交通、养老、医疗卫生、教育和饮用水，但除道路交通外，其他项目实际实施情况与农民需求相差甚远。因此，乡村建设需因地制宜，紧密结合农民需求，发挥农民积极性，遵循“自下而上、村民自治、农民参与”原则，科学规划乡村建设进展。政府应改变以往“从上到下”的运行机制，推广农民参与乡村建设的有效做法。

2. 接续实施农村人居环境整治提升五年行动

建设美丽宜居乡村是全面推进乡村振兴的重要任务之一，事关广大农民根本福祉，是缩小城乡差距、实现城乡融合的重要举措。过去，由于公共服务资源有限，农村人居环境设施不足。近年来，随着投入增加，农村环境有所改善，但整体水平仍需提升。中央政策高度重视农村人居环境整治，自 2018 年起实施相关行动，成效显著。2021 年和 2022 年的中央一号文件均强调并细化了整治工作，重点关注厕所、污水、垃圾处理等方面。尽管整体进步明显，但区域差异和整治不充分问题仍存。为深入推进整治，需因地制宜，结合当地条件和农民需求。在厕所改造上，要灵活选择方案并整改问题；在污水处理上，优先处理集中区域，采取合适方案；在垃圾处理上，推动源头分类减量，提高资源化利用率；在黑臭水体治理上，设定明确目标；在村庄清洁绿化上，发挥村民自治力量，确保整治实效。

3. 扎实开展重点领域农村基础设施建设

农村基础设施的完善是乡村振兴和农业农村现代化的基石。2021 年一号文件明确了农村基础设施建设的五大重点：道路、供水、清洁能源、数字乡村、综合服务设施。2022 年文件进一步细化，包括提升公路等级、强化公路安全管理、推进电网改造和光伏建设、提升农房质量等。虽然近年来农村基础设施建设取得显著进展，但地区差异和短板仍存。北大调研显示，尽管大部分村庄在公路和自来水普及上有所进步，但西部和山区村庄发展滞后，能源结构亟待优化，农房质量亟待提升。因此，推进农村基础设施建设需因地制宜，尊重农民意愿，确定重点领域和优先序，特别是在道路、供水、能源和农房方面。同时，创新和完善建设与维护的体制机制，确保基础设施的可持续发展。

4. 大力推进数字乡村建设

数字技术正引领乡村在生产、生活及治理层面发生深刻变革，对提振农业农村生产力、促进城乡与区域资源高效流动与配置、驱动农业高质量发展及加速乡村治理现代化具有关键作用。当前，数字乡村建设聚焦于四大核心领域：基础设施、经济体系、治理机制及生活方式的数字化升级。为充分挖掘数字技术潜能，需紧密对接市场需求，针对经济数字化短板进行补强，同时注重提升农民的数字技能与素养，以加速乡村治理与公共服务领域的数字化进程。这一过程将为实现乡村全面振兴奠定坚实基础。中央一号文件重点推动数字乡村建设，聚焦农业农村大数据应用、智慧农业发展和经济数字化短板。提出“数商兴农”工程、快递进村及政务服务乡村延伸，同时强调农民数字素养培训。文件还倡导标准化建设和评价指标体系，关注发展平衡和农民受益。研究指出，我国数字乡村基础良好但区域差异显著，农民数字技术应用待提高。目标是在2025年，农产品网络零售额占比提升至15%。为此，在推进数字乡村建设中，应秉持重点突破与短板补齐并重的原则，尤其要保障农民利益为核心。实施需分阶段、有计划地推进，采取更具包容性和公平性的区域发展战略。政府应发挥引领角色，同时确保市场资源得到高效配置。农民作为建设的关键力量，应被积极鼓励参与，特别是低收入群体，通过“数商兴农”等项目，结合培训提升其电商参与度，确保在农产品供应链价值提升中，农民能分享更多收益。

5. 加强基本公共服务县域统筹

强化基本公共服务是政府的核心职责，对于满足公民生存与发展需求至关重要，且其提升与社会经济发展紧密相连。鉴于当前城乡服务差距显著，推进农村基本公共服务建设尤为迫切。然而，由于服务发展具有阶段性，当前在县域范围内进行统筹规划是务实且可行的策略。2023 年中央一号文件聚焦“加强基本公共服务县域统筹”，整合了提升农村服务水平和城乡融合发展的任务，充分考虑了户籍和财政体制的挑战。文件着重强调补足医疗短板，关注“一老一少”需求，如加强学前教育和敬老院建设。同时，提出从行政区域覆盖转向常住人口服务覆盖，强调“人的城镇化”，并推动城乡学校共同体和村级服务设施提升。尽管投入增加，但农村基本公共服务供给的短板和不均衡现象依然存在。为解决这一问题，当前阶段县域层面的统筹发展显得尤为重要。要构建一个从单纯关注“行政区域”到全面覆盖“常住人口”的公共服务均等化体系，确保服务的普惠性和可及性，同时，要更精准地规划并满足农民的实际需求。县域统筹的背景下，中央、省（市）和地方政府应特别关注并加大对欠发达县的基本公共服务投入的支持力度，确保所有居民都能享受到均等化的公共服务。

三、“千万工程”和城乡融合

“千村示范、万村整治”工程是习近平同志亲自谋划、亲自部署、亲自推动的一项创新工程（张蔚文和孙思琪，2023）。

在过去的 20 年里，浙江持续实施“千万工程”，秉承“蓝图不变、接力前行”的精神，探索出了一条以农村人居环境整治为核心，全面推进乡村振兴、建设美丽中国的有效路径。这一壮举不仅缔造了无数美丽乡村，更惠及了广大农民群众，展现出巨大的现实意义、理论价值及深远的历史意义。“千万工程”强调农村与城市的平等地位，打破了以往城市建设依赖政府投资、农村建设依赖村民和集体自筹的传统模式，成功避免了新农村建设与城镇化发展之间的冲突。这一实践也重塑了城乡基础设施和公共服务供给的不平衡格局，为城乡融合发展提供了宝贵的经验和启示，具有重要的借鉴意义。

1. “千万工程”的重要意义

“千万工程”作为一项深得民心的惠民工程，对广大农民的生活产生了深远影响，具有显著的现实意义。20年来，浙江以“千万工程”为龙头，从建设美丽乡村入手，推动了乡村产业的蓬勃发展，将生态优势转化为经济优势，极大地改善了农村的人居环境，提高了农民的收入水平，促进了乡村的全面振兴。农村人居环境的显著改善是“千万工程”最为直观和显著的成果。浙江在2020年5月成功成为中国首个生态省，这充分证明了其在生态建设和环境保护方面的卓越成效。如今，浙江九成以上的村庄已经建设成为新时代美丽乡村，乡村的公共服务和基础设施水平得到了大幅提升，基本公共服务实现了均等化，农村“30分钟公共服务圈”和“20分钟医疗卫生服务圈”已经基本形成，数字化基础设施不断完善，乡村数字化水平在全国处于领先地位。此外，“千万工程”还带来了农民收入的提高和生活水平的显著改善。

“千万工程”以其深厚的实践经验和创新精神，塑造了浙江独特的“实干、领先、创新”品质，并承载着深远的历史意义。二十年来，浙江不断扩展和深化这一工程的内涵，从整治示范到美丽精品，再到未来共富，持续在美丽乡村建设上发挥引领作用，开启了美丽中国建设的新纪元。其卓越成就获得了国际社会的赞誉，并于2018年荣获联合国“地球卫士奖”，充分展示了中国特色社会主义制度的优越性。浙江在特色小镇建设、“最多跑一次”改革、数字化治理等多个领域的卓越表现，均源于对“千万工程”首创精神的坚持和发扬，以及对“实干、领先、创新”精神的践行。随着时间的推移，“千万工程”的历史价值越发显著，它不仅为浙江乃至全国的乡村发展提供了宝贵经验，更为我们探索中国特色社会主义乡村振兴道路提供了有力的实践支撑。

2. “千万工程”对城乡融合的经验启示

坚持人民至上，满足城乡居民的物质与精神需求，“千万工程”彰显了以人民为中心的发展理念和深厚的为民情怀。我们的工作始终围绕增强城乡居民的获得感、幸福感为核心。在城乡融合的过程中，应优先关注农村居民的生产生活环境，通过改善他们的生活条件、提升生活水平，来推动城乡融合进程。为了实现这一目标，需要积极推动城镇的优质基础设施和公共设施向乡村延伸，确保乡村居民也能享受到与城镇居民相当的生活品质。在推进城镇化的过程中，我们必须充分尊重农民的意愿。我们坚决反对任何以牺牲农民利益为代价，盲目追求城镇化率的行为，如强制整村搬迁等。同时，也要注重丰富农民的精神世界，增强他们的共同体意识，使他们成为乡村发展的积极参与者和受益者。

在推进城乡融合的过程中，我们还需要坚持系统思维，以“城乡一盘棋”的理念进行规划。这不仅是一个关于农村环境整治的单一工程，而是涵盖了从生态环境到营商环境，从城乡差距缩小到城乡融合，从物质文明到精神文明等多个方面的系统工程。只有从整体上考虑和布局，才能实现真正的城乡融合和协调发展。

一是注重新型城镇化与乡村振兴战略的有机衔接。以城乡融合为导向，县城作为关键节点，推动以县城为中心的城镇化建设，实现城乡和谐共生。

二是统筹推进经济发展和绿色发展。吸取浙江省把“两山论”贯穿于“千万工程”各项工作任务的经验，坚持生态优先、可持续发展，让绿色发展与经济发展相互促进。

三是在整体部署下强化多元协同治理。将城乡融合发展视为解决新时代社会主要矛盾、实现国家治理现代化的关键途径。针对“人地钱”等要素进行整体性政策布局，并在实践中协调好各部门、政企、政社关系，推动乡村治理体系与能力的现代化创新。

坚持守正创新，持续深化城乡融合内涵。浙江 20 年来始终将“千万工程”作为推动“三农”改革发展的关键，并根据社会发展需求不断调整目标，推动其深入发展。在新阶段，我们应紧跟党的中心任务，坚持战略定力，避免形式主义工程，同时实施创新驱动，促进城乡融合。借鉴浙江经验，我们将土地、产权、公共服务、治理机制和数字化改革等融入“千万工程”，制定符合当地实际的乡村发展目标，并推动理念、产业、服务、治理和城乡关系的创新升级。

为确保城乡融合落到实处，我们必须坚持问题导向，强化调查研究。正如“千万工程”在浙江乡镇企业快速发展导致乡村环境问题严重时应运而生，它源于深入调研和精准施策。在新时代，我们需继续借鉴这一经验，深入基层，亲自了解农村实际，关注制约共同富裕的难题，避免主观臆断。在调研中，既要关注政府难题，也要倾听农民真实声音，找到问题的根源。面对调研结果，我们应积极行动，创新方法解决民生问题，持续推进城乡融合取得实效。

第三章

区域自然条件对乡村人居环境的影响

乡村人居环境的演变与发展与区域环境息息相关，不同的区域条件为乡村的发展提供了各异的土壤，进而塑造了乡村分布的宏观特色。自然环境，作为人类生活的基石，其特性不仅决定了人口的分布格局，更深刻影响着乡村的形成与发展，乃至乡村人居环境的质量。人类选择居住地，实际上是一个不断认识、利用和改造自然的过程。自古以来，古人便通过观察天地间的变化，逐渐形成了“象天法地”的独特自然观，强调对自然的尊重与顺应，追求人与自然和谐共生的理想状态。这种观念深深烙印在乡村人居环境的塑造之中，产生了深远的影响。影响乡村人居环境的自然条件是多方面的，如物理的、化学的、生物的等。其中，气候条件如日照、气温、降水、风等，水源的丰富程度，植被的分布状况，地形地貌的多样性，以及地上地下的自然资源等，都是塑造乡村人居环境的重要因素。它们以不同的方式、不同的程度，从不同的角度对乡村人居环境产生着深远影响。在历史的长河中，早期人类的聚居地往往倾向于选择那些地形平坦、气候宜人、自然资源丰富的地区。随着时间的推移，各地的人居环境因自然条件和资源条件的差异而呈现出丰富多彩的面貌。这种差异不仅丰富了乡村的文化内涵，也为乡村的可持续发展提供了无尽的可能。

第一节　气候条件对乡村人居环境的影响

气候条件对乡村人居环境有着多方面的影响，尤其在营造适宜的生活环境和防止环境污染方面，两者关系尤为密切。我国幅员辽阔，气候类型从热带延伸至寒温带，纬度差异显著；同时，因距离海洋的远近不同，东西向气候也表现出多样性。这种多样的气候条件对人居环境产生了明显的双重影响，既有有利的一面，也有不利的一面。然而，气候的作用并非孤立，它往往与其他自然环境条件相互协作，共同影响人居环境，使得某些影响变得缓和，而另一些则可能加强。乡村人居环境的创造表现出一定的气候适应性，这种适应性的首要依据是人的舒适性需求，即确保居民在各种气候条件下都能享受到舒适的生活环境。这种适应性不仅体现在建筑的设计和布局上，也体现在乡村的整体规划和空间利用上。通过科学合理的规划和设计，可以最大限度地发挥气候条件的有利影响，同时降低不利影响，从而创造出既美观又实用的乡村人居环境。

一、气候条件对乡村人居环境的影响

1. 太阳辐射

太阳辐射是决定气候的重要因素，突出的表现是影响农作物种植，从而影响乡村的生产环境和生产景观。太阳辐射不仅为植物的光合作用提供能量，也是农业生产各种主要自然条件变化和发展的动力。太阳辐射量的地理分布差异显著，尤其在我国，西部地区的太阳辐射普遍多于东部，而高原地区的辐射量则超过平原。例如，青藏高原，由于海拔高且晴朗天气多，因此拥有较高的总辐射值。相反，四川盆地和贵州中北部地区则因阴雨天气多、云量密集、日照时间短，导致其总辐射值偏低。这种辐射量的区域差异对农作物种植产生了深远影响，在很大程度上决定了农作物种类和品种的地理分布，进而形成了各具特色的农业景观。这种景观的多样性不仅丰富了我国的农业生产，也为各地的农村环境增添了独特的魅力。

太阳辐射不仅为人们的日常生产生活和动植物的生长提供了能源，也是对村落及民居影响最显著的一个气候要素。日照时长与强度直接作用于村落的选址规划、空间结构以及建筑物的具体细节，如朝向选择、建筑间距、遮阳设施配置，乃至整个建筑群的组织策略，均深受其影响。鉴于我国大部分地区位于中纬度地带，自然光照充沛，尤以朝向南方或偏南（如东南、西南）方向为最优，因为这些方向能最大化地捕捉阳光，确保建筑获得良好的采光效果。因此，在建筑设计实践中，普遍倾向于将主要房间和建筑主体面向南或偏南方向，以优化光照利用，提升居住体验。进一步而言，太阳辐射对建筑环境的影响是多维度的。一方面，其可见光成分直接关系到室内的照明质量与视觉效果，我们称为光环境效应，它对于营造宜居空间至关重要。另一方面，太阳辐射作为外部热源，通过窗户等开口部位进入室内，不仅直接提升空气温度，还通过辐射换热使建筑围护结构（如墙体）升温，进而实现室内空间的整体加热，这一过程我们称为热环境效应。这种热效应对维持室内舒适度和调节微气候环境具有显著作用，是建筑设计时必须充分考虑的关键因素。

此外，太阳辐射还影响乡村的能源利用。通过利用太阳能，乡村地区可以实现可再生能源的利用，减少对化石燃料的依赖，降低环境污染。例如，太阳能热水器、太阳能发电等设备在乡村地区的普及，不仅提高了能源的利用效率，也改善了乡村的能源结构。太阳辐射可作为冬季采暖的热源，是改善室内热环境的天然能源，在冬季可以积极利用太阳能采暖，为人们提供舒适、节能、健康的生活环境。

然而，太阳辐射也可能带来一些负面影响。强烈的太阳辐射可能导致地表水分蒸发过快，影响土壤的保水能力，对农业生产和生态环境造成不利影响。太阳辐射中的紫外线还可能对人体健康产生影响，也可使塑料等许多建筑材料因老化而损坏，需要采取相应的防护措施。同时，太阳辐射会造成夏季室内温度过高，因此应尽量减少太阳辐射，特别是南方湿热地区，因太阳辐射强度和太阳高度角都比较大，产生热量比较多，如何阻挡太阳辐射热进入室内，是传统民居长期以来致力于解决的一个气候问题。

2. 温度

温度作为气候的重要因素之一，对乡村人居环境具有显著的影响。首先，温度影响乡村的农业生产。适宜的温度条件有助于农作物的生长和发育，提高产量和质量。然而，过高或过低的温度都可能对农作物造成损害。在高温环境下，农作物可能遭受热害，导致生长受阻，甚至死亡；而低温则可能引发冻害，影响农作物的生长周期和产量。其次，气温对乡村居民的生活也有显著影响。在高温天气下，乡村居民需要采取各种措施来降温，如使用空调、风扇等设备，这无疑会增加能源消耗和电费支出。而在低温天气下，乡村地区的供暖设施可能相对薄弱，居民需要依靠传统的火炉等方式取暖，这不仅存在安全隐患，而且可能导致室内空气质量下降。此外，气温变化还可能对乡村的生态环境造成破坏。例如，高温可能导致水资源短缺，影响乡村居民的生活和农业生产；低温可能导致土地冻结，使农业生产活动无法进行。同时，气温变化还可能引发自然灾害，如洪涝、干旱等，给乡村带来巨大损失。

在进行建筑热工设计和计算的时候，室外空气温度是一个重要的指标。室外空气温度通常是指地面上方 1.5 米处背阴区域的空气温度，这一指标深受地形特征、气流动态及太阳辐射强度的综合影响，尤其是太阳辐射强度，与之关系尤为紧密，导致气温在全球范围内随纬度展现出清晰的带状分布特征。室外空气温度不仅是评估各地气候冷暖的基准，还深刻影响着建筑气候区划的界定，我国即以此为基础，依据最热月（7 月）与最冷月（1 月）的平均气温来划分建筑气候区域。同时，这一温度指标也是划定空调使用期和采暖期的关键依据，直接关联到能源利用与居民生活舒适度。在探讨民居外围护结构的保温隔热性能时，深入理解室外空气温度的变化规律显得尤为重要。为了实现节能高效、经济适用的目标，设计策略需紧密贴合自然气候特点，采取针对性措施。研究表明，人体感觉最为舒适的气温区间应略低于体温，维持在 24 ~ 26℃之间，同时应避免极端低温（如低于 17℃）或高温（如高于 33℃）环境。气温对建筑外围护结构及室内气温的影响，主要通过热传导机制实现。因此，在热工设计中，需充分考虑这一物理过程，以优化建筑热工性能，确保室内环境既舒适又节能。

3. 降水

降水量是影响气候的重要因素之一，对乡村人居环境的影响是深远且多方面的，涉及居民生活、农业生产、基础设施以及自然生态等多个方面。首先，降水直接影响乡村居民的生活。适量的降水能够维持乡村环境的湿润和清新，有利于居民的健康。但是，如果降水量过大，尤其是连续暴雨，可能导致乡村道路泥泞，影响居民的出行安全；同时，雨水过多还可能导致房屋受潮、发霉，甚至引发山体滑坡、泥石流等自然灾害，直接威胁居民的生命财产安全。另外，如果降水过少则可能引发旱情，导致乡村居民生活用水困难，甚至影响农业生产。其次，降水对农业生产具有决定性的影响。农作物生长需要适量的水分，降水过少会导致土壤干旱，影响作物生长和产量；而降水过多则可能导致农田积水，使作物根部缺氧，影响作物正常生长，甚至引发洪涝灾害，导致庄稼受淹或死亡。而且，降水还影响乡村的基础设施。过多的降水可能导致乡村道路、桥梁等设施受损，增加维修成本；同时，也可能导致乡村排水系统堵塞或超负荷运行，影响乡村的排水能力。另外，降水对乡村的自然生态也有影响。适量的降水有助于维持乡村生态环境的稳定，促进植被生长；而过量的降水则可能破坏生态环境，导致水土流失、土壤侵蚀等问题。

各个地区降水量的大小会直接影响到房屋建筑的设计和材料选择。在建筑设计方面，不同的降水量会导致房屋的结构和外观有所不同。一般来说，在降水量较大的地区，房屋通常需要设计更完善的排水系统，以避免雨水积聚和渗透。例如，屋顶可能会设计成倾斜的，并配以较长的出檐，这样的设计可以确保在大量雨水下落时，雨水能够沿斜面迅速流下，并且因为出檐的延伸，使得雨水“溅射”的距离更远，从而有效地将雨水引导至远离建筑外墙的位置，减少雨水对外墙的冲刷和侵蚀。同时，墙体和地基也需要进行防水处理，以防止雨水对建筑结构造成损害。而且降水较多的地区，一般也较潮湿，住宅还要防潮，因此，为了应对潮湿环境，一些民居建筑选择了木竹架空式，即我们熟知的“干栏式”结构（也被称作吊脚楼）。这种结构不仅有利于通风，还能有效消暑和防潮。而在降水相对较少的干旱地区，建筑的屋顶设计则出檐较短且坡度较小，以适应干燥的气候条件。在气候资源特别干旱的地区甚至屋顶都是平的，这样可以利用屋顶曝晒粮食。在建筑材料的选取方面，降水量大的地区，人们更倾向于使用防水性能好的材料，如防水涂料、防水材料制成的屋顶和墙面等。这些材料可以有效地防止雨水渗透，保护房屋结构不被侵蚀。而在降水量小的地区，对防水性能的要求相对较低，可能会选择其他类型的建筑材料。此外，降水量还会影响房屋的布局和风格。在降水量较大的地区，人们可能更倾向于建造集中式布局的房屋，以减少受雨水面积。同时，建筑风格也可能更注重实用性，而非过多的装饰。而在降水量小的地区，房屋的布局和风格可能会更加多样化，更注重美观和舒适度。

4. 风

风是地表太阳辐射不均匀而引起的空气流动，一般来说，风对乡村人居环境的影响也是多方面的。首先，风对于乡村的空气质量具有调节作用。乡村通常空气新鲜、环境宜人，风的流动有助于带走空气中的污染物，如尘埃、花粉等，从而改善乡村的空气质量，使得居住环境更为清新健康。其次，风还能影响乡村的温度和湿度。在夏季，风能够带走乡村的热量，降低温度，使气候变得凉爽；在冬季，风虽然可能带来一些寒意，但也能帮助驱散潮湿，减少霉菌等问题的发生。然而，风也可能对乡村人居环境带来一些负面影响。例如，强风可能导致乡村建筑，尤其是老旧或结构不稳定的建筑受损，甚至引发安全事故。此外，风还可能加剧土壤侵蚀，导致农田和乡村道路的破坏，给乡村居民的出行和生活带来不便。另外，风还可能影响乡村的能源使用。在风能资源丰富的地区，乡村居民可以利用风力发电，为家庭提供清洁能源，减少对传统能源的依赖，从而改善能源结构，降低环境污染。因此，风对乡村人居环境既有积极的影响，也有潜在的挑战。在享受风带来的清新空气和舒适温度的同时，乡村居民也需要注意防范风可能带来的安全隐患和环境问题。

对一个地区来说，风的变化是有一定规律的，通常用风向和风速来描述风的状况。风向对于乡村建筑的布局至关重要。自然通风是改善室内气候、提升居住舒适度的有效手段。因此，在规划乡村建筑布局时，需充分考量主导风向，将主要建筑或开放空间置于迎风面，以充分利用风能带来的自然通风，降低夏季的闷热感。同时，为避免冷风直接侵入建筑内部，需设置挡风墙或利用植被作为缓冲。风速对建筑设计亦有着不可忽视的影响。室外风速的大小直接影响房间的通风换气和外围护结构的换热效率。在高风速地区，建筑结构设计需特别注重稳固性，如加厚墙体、选用抗风性能佳的材料等，以增强建筑的整体抗风能力。同时，建筑的横截面积和形状设计也需考虑风阻因素，以减少风对建筑的潜在破坏。此外，还应考虑建筑的横截面积和形状，以减小风阻，降低风对建筑物的破坏力。风对建筑物的屋顶结构和外墙材料选择也有显著影响。在风力较大的地区，屋顶结构需要更加稳固，以防止被风吹走或损坏。外墙材料也需要选择抗风性能好的材料，以抵抗风的侵蚀和破坏。另外，风还对乡村建筑的院落和空间设计产生影响。为确保院落的通风良好并维护其私密性，需根据风向和风速来设计其布局和开口方向。同时，可利用风来营造舒适的空间环境，如设置挡风设施或利用植被来调节风速和方向。

风速对人体热舒适感有着显著影响。在空气的自然流动中，人体外层会自然形成一层与速度及温度相关的边界层。随着风速的加剧，此边界层的厚度会相应缩减，直接结果是提高了对流换热系数，这一变化显著增强了人体与环境之间的热交换效率。与此同时，风速的提升还带动了传湿系数的增加，加速了皮肤表面的蒸发作用，从而促进了汗液的快速蒸发，并伴随热量的有效散发。因此，即便外界环境的温湿度条件超越了人体自然舒适的范围，较强的风速仍然能够通过强化汗液蒸发机制与热传导过程，帮助人体实现更有效的体温调节，进而达到一种相对舒适的体感状态。

二、乡村人居环境对气候条件的适应性

村落对自然气候条件的适应，可以归结为“用”与“防”两个方面。所谓“用”，即充分利用自然气候的有利条件；而“防”，则是通过巧妙的设计手法，减少或抵消不利气候条件带来的影响。在人类发展历史长河中，随着人类利用和改造自然的能力不断提高，人类活动的范围也在逐步扩大，由热带、温带逐渐延伸至寒带，创造出各种适宜于人类生存的村落环境，逐渐表现出与气候环境的适应性。如北极地区的因纽特人，利用当地丰富的冰块资源，巧妙地构筑起小冰屋。这些冰屋的墙体厚实，旨在维持室内温度的稳定性；在中国黄土高原，由于深厚的黄土层和相对干燥的气候，居民们便挖掘出冬暖夏凉的窑洞；中国新疆地区，面对干燥且风沙大的气候，居民们选择了平顶房；而中国东北地区，由于气候寒冷且风力较大，居民们建造了墙体厚实、设有火墙火炕的居室，为了抵御强风，窗纸被巧妙地贴在窗外，展现了人们对环境的深刻理解和应对策略。

1. 气候适应性的不同层面

乡村建筑的构建与其所处的气候环境紧密相连。在长期的历史演变中，乡村建筑逐渐形成了与气候环境相适应的独特定式，这些定式

凝聚了对当地气候环境的最优适应策略。村落在选址、布局、街巷规划、建筑形态设计、空间布置、材料选择以及细部构造等多个方面，都充分考虑了气候环境的影响，并采取了相应的适应措施。这些举措不仅确保了乡村建筑的舒适性、安全性和耐久性，同时也促进了乡村与自然环境的和谐共生。

（1）宏观层面的气候适应性。

宏观气候环境指的是村落所在区域长期且稳定的气候特征，这些特征涵盖了年平均太阳辐射量、风速与风向、温湿度以及降水量等关键要素。人类面对这样的自然大环境时，往往显得渺小无力，无法凭主观意愿改变其规律。相反，这种环境对人类的生产和生活方式产生了深远的影响。历史上的自然灾害无数次证明，人们在大自然的宏观气候环境下只能选择顺应和服从。因此，在宏观层面上，传统村落的适应性主要体现在选址、布局和内部形态构成等方面。人们充分利用有利于人类居住的气候因素，同时规避那些不利因素，以确保居民的居住安全和生活的舒适度。这种适应性是人类与自然和谐共生的智慧体现，也是传统村落得以长久延续的重要保证。

在宏观层面上，传统村落布局对气候的适应性体现在以下三大方面：首先，吸取了漫长历史中积累的丰富经验，深入分析特定地区的气候特点，明确气候对居民生活的正面与负面影响，综合考量日照时长、风向风速等关键气候要素，并结合地质地貌特征，进行科学合理的选址。其次，依据当地独特的气候条件与地形地貌，精心组织建筑群落的布局，旨在以最优化的方式顺应自然气候，从而有效改善并优化村落内部的微气候环境。最后，充分利用由气候环境间接影响的因素，如植被、山川、河流等，根据这些因素的特性来指导村落的选址与布局。这样的适应性设计使得传统村落得以与自然环境和谐共生，实现可持续发展。

（2）中观层面的气候适应性。

在中观层面，传统村落对于气候的适应方式变得更加主动和多样。

它们不仅顺应气候，更通过一系列技术手段来精细调节和改善建筑内部的小气候，为居民创造更为舒适的室内居住环境。这一过程中，人们会综合考虑所在地区的气候环境、地形地貌、植被覆盖、水系分布、土壤特性以及建筑空间形态等因素，精心协调村落气候与单体建筑、室内小气候与室内空间之间的相互作用。室内气候则直接关系到建筑内部空间的舒适度，对居民的居住体验产生直接影响。人们建造房屋，本质上是为了抵御不利自然气候，通过技术手段营建一个适宜居住、充满舒适感的人工环境。这种主动适应和精细调节，体现了传统村落在中观层面对气候环境的智慧应对。

具体而言，在中观层面上，传统村落展现了对气候环境的精妙适应。首先，通过精心构思的空间布局，巧妙地营造出优质的空气流通环境。无论是建筑群的整体规划还是单体建筑的设计，都旨在充分利用夏季的凉爽风向，同时有效规避冬季的寒风侵袭。这种设计策略使得村落能够巧妙地引导建筑周边的风向与风速，促进室内外空气的顺畅流通，进而提升整体空气质量。其次，利用水系、植被等自然元素，调节建筑室内外的气候环境。通过调整相对湿度、太阳辐射等气候因素，为居民创造出宜人的室内外气候，使人感到舒适宜人。同时，注重优化建筑的过渡空间。这些过渡空间作为室内外环境的桥梁，其气候环境的优化有助于实现建筑内外气候的相互交换，进而提升内部空间的环境质量。

（3）微观层面的气候适应性。

在微观气候层面上，人类运用自身技术方法，创造了可以调节室内微气候的构造措施。建筑内部微气候环境受到外部气候、建筑围护结构隔热性能以及内部空间形式等多重因素的影响。通过精心组织单体建筑内部空间、选用合适的建筑材料与组合方式，以及精细的细部构造设计，人们可以有效地调节建筑内部微气候。以中国传统院落式住宅为例，其中广泛采用的影壁设计便是一个典型的例证。

具体而言，在微观层面上，传统村落对气候的适应主要体现在以下几个方面：一是充分利用当地建筑材料的热工性能，创造出既经济又实用的建筑围护结构体系。这种体系能够根据当地气候特点，灵活调节建筑内外的热量交换，确保室内环境的舒适度。二是通过巧妙的建筑构造设计，促进室内外环境的通风，改善室内采光条件。三是利用当地的绿化植被等自然元素，调节室内外环境，提升居住舒适度。四是结合当地资源，创造出独具特色的建筑技术措施，以适应不同的气候环境。

在中国传统村落的发展历程中，尽管受限于当时的社会条件，缺乏大量的能源和大型机械设备，但人们却通过选址布局、建筑形态及其细部处理、材料构造等方面的精心设计，成功地在各种恶劣气候环境下打造出了适宜人类居住的环境。这种设计理念充分展示了顺应自然气候、因地制宜的智慧，使得中国多样化的气候环境孕育出了各具特色的村落形态。这些村落不仅适应了各自的气候条件，还展现了各自在气候适应性方面的独特之处，成为中国传统村落“地方性”特征的重要体现。

2. 针对不同气候因子的适应性

（1）对太阳辐射的适应性。

乡村人居环境对太阳辐射的适应性主要表现在自然环境、生活方式、规划建设以及村落设计等多个方面。这些适应性措施有助于提升乡村人居环境的舒适性和可持续性，为乡村居民创造更好的生活条件。乡村的植被和绿化也能有效地适应太阳辐射。就自然环境来说，乡村多植树木和植被可以遮挡阳光，减少地面的太阳辐射强度，同时通过蒸腾作用调节微气候，降低环境温度。这种自然环境的调节作用，使得乡村人居环境在应对太阳辐射时具有更好的适应性和舒适性。同时，乡村居民的生活方式也会受到太阳辐射的影响。例如，在夏季，居民可能会选择在阴凉处活动，或者利用早晚太阳辐射较弱的时间段进行户外劳作。而在冬季，居民则会充分利用太阳辐射，进行晾晒衣物、取暖等活动。另外，乡村人居环境在规划和建设中也会考虑到太阳辐射的影响。例如，通过合理的规划和布局，避免或减少太阳辐射对居民生活的不利影响。同时，也会利用太阳能等可再生能源，为乡村提供清洁、可持续的能源供应。

太阳辐射在传统村落设计中占据着举足轻重的地位，其强度直接影响着温度、湿度、风向和降水量等关键气候因素。因此，村落的选址、整体布局以及建筑物内部的朝向和间距设计，都需细致考量这些气候因素。不同地域对日照需求的差异，使得传统村落的设计原则呈现出多样化的特点。在寒冷地区，村落设计以最大化地获取阳光为核心，而在炎热地带，则以减少阳光直射为主要目标。因此，在村落布局上，狭窄的街道在炎热地区能够发挥更好的遮阳效果。

各地民居在适应太阳辐射方面充分展示了人类智慧与自然环境的和谐共生。在南方地区，由于夏季太阳辐射强烈，民居设计特别注重遮阳和通风。例如，南方民居的屋檐通常设计得较长，以形成阴影区域，减少太阳直射对室内的影响。同时，窗户上也会设置遮阳板和外扇，夏季正午时可以撑起遮阳板，形成水平遮阳，降低室内温度。而当外扇打开时，又能起到垂直遮阳的作用。此外，南方民居还善于利用植物进行遮阳，院内种植的花草树木不仅美化了环境，还能通过蒸腾作用形成微气候环境，进一步降低室内温度。而在北方地区，冬季寒冷漫长，因此民居设计更注重获取太阳辐射。例如，北方民居的窗户通常设计得较大，以便让更多的阳光进入室内，提高室内温度。同时，房屋的朝向也严格遵循坐北朝南的原则，以最大限度地接收太阳辐射。

在布局上，北方民居会适当加大房屋之间的间距，避免遮挡，确保每栋房屋都能获得充足的阳光。以合院式民居为例，中国北方多采用分散式布局，南方则更倾向于聚合式。这是因为东北、华北等地气候寒冷，冬季太阳高度角较小，为了增加光照面积和延长日照时间，人们往往选择分散房屋、扩大院落，并严格遵循坐北朝南的朝向原则。在长江流域和华南地区，由于阳光充足、热量丰富，人们为了减少日照，将合院设计得更为紧凑，中庭狭窄，以便遮阴。在云南地区，合院式建筑是分布最广泛的建筑形式。这种建筑形式利用自身的形式形成自遮阳系统，建筑布局坐西朝东，利用晨光提高庭院和室内温度。同时，自身墙体形成遮挡，保证院落处于阴影区，避开中午强烈的太阳辐射。此外，南方地区的房屋朝向也更加多样，如贵州地区因多雾，太阳辐射影响较小，因此并不特别注重朝向的选择。这些地域性的设计差异，不仅体现了人们对自然环境的深刻理解和巧妙应对，也彰显了中国传统建筑文化的丰富多样性和地域特色。

（2）对温度的适应性。

乡村人居环境对温度的适应性是一个综合性的表现，包括材料选择、生活方式、环境布局和建筑设计等多个方面。这些适应性措施有助于提高乡村人居环境的舒适性和可持续性，为乡村居民创造更好的生活条件。材料选择是乡村人居环境对温度适应性的重要体现。传统的乡村建筑多采用当地自然材料，如土、石、木等，这些材料具有良好的保温隔热性能，有助于维持室内温度的恒定。乡村居民的生活方式体现了对温度的适应性。他们会根据季节变化调整作息时间、穿着习惯等，以适应不同温度条件。在冬季，他们可能会通过围火取暖、增加衣物等方式来保持温暖；而在夏季，则可能通过穿着轻薄、利用自然通风等方式来降低体温。另外，环境布局也是乡村人居环境对温度适应性的一个重要方面。乡村通常拥有丰富的植被和水体，这些自然元素有助于调节微气候，降低环境温度。同时，乡村的绿化和景观设计也可以考虑对温度的适应性，比如种植具有遮阳和降温功能的树种，或者设置水景等，以提高乡村人居环境的舒适度。

温度对房屋的结构影响较大，在建筑设计上，乡村住宅通常会考虑当地的气候特点，设计出适宜的建筑结构和朝向，并合理利用太阳能，保持室内温度的稳定。在对气温的适应方面，各地民居同样有一些积极措施。在寒冷地区，房屋通常设计为坐北朝南，以便在冬季充分吸收阳光，以提高室内温度；而且一般墙壁较厚，房间较小，为了避免寒风的侵扰，避风的墙壁往往不开窗。在炎热地区，则可通过设计遮阳设施、通风口等，减少太阳辐射；而且一般墙壁较薄，房间较大，窗户较小，从而达到防暑的效果，降低室内温度。

我国北方建筑体形简洁，层高较低，用减少外墙的散热面积的方式来保温。如东北地区，因其独特的冬长夏短、严寒与清爽并存的气候特点，在民居设计上呈现出对寒冷气候的高度适应性。从村落的选址布局，到院落的精心规划，再到建筑设计的细致入微，乃至采暖设施的巧妙安排，都体现了东北民居的独特魅力。频繁的冬季降雪使双坡屋顶成为东北民居的首选，且坡度陡峭，便于积雪滑落，同时在屋面下采用吊顶进行隔热，利用仰瓦铺设防止积雪融化侵蚀瓦缝。根据风向和气候条件，墙体设计也独具匠心：北面墙体最厚，用以抵御凛冽的西北风；西墙次之；南墙则相对较薄。北面通常开小窗或不开窗，南面则开大窗，让室内充满阳光，并采用双层玻璃设计，保证温差适宜，为居民营造一个温暖舒适的居住环境。再如青藏高原昼夜温差极大，终年风强雨少，故当地居民选择了石造的平顶厚墙建筑。白天，厚墙能够有效地吸收热量，而在夜晚，由于墙体散热速度较慢，能够减缓室内温度的下降，起到了增温祛寒的作用。在寒冷的冬季，这些民居不仅为人们提供了温暖的避风港，也充分展现了北方人民的智慧和对自然的敬畏。

炎热地区首要任务则是降温，房屋建筑对高温的适应性是一个重要的设计考量。在炎热地区建筑物常常采用厚实的墙体和屋顶设计。这种设计不仅具有出色的隔热性能，可以有效减少外界高温对室内环境的影响，还能为房屋提供良好的保温效果，确保在夜晚或凉爽时段室内温度不会过快下降。建筑常常设计有宽檐，以遮挡强烈的阳光，减少直射光线对室内空间的加热效应。同时，高窗的设计能够确保室内获得充足的自然通风，带走多余的热量，降低室内温度。庭院内的绿植和水景也起到降温作用，为居民提供舒适休憩空间。地区特色材料和技术的运用，如隔热土壤和通风系统，更是建筑设计中的亮点。

如长江三角洲地区，由于潮湿炎热的气候特点，当地民居在建筑设计上巧妙地运用了敞厅、天井通廊等开敞通透的布局。这种设计不仅让空气流通更为顺畅，还能有效调节室内温度，使居住者感受到凉爽舒适。民居的外墙多抹白灰，不仅美观，还减少了阳光的直射，降低了墙体的吸热。而在新疆南部的绿洲村落，人们则采用了紧凑式的建筑布局来应对高温环境。这种布局减少了外墙阳光直射面，减少了墙面吸收的热量，从而有效地降低了室内温度。村落内的建筑相互遮阴，共同营造出一个凉爽舒适的微气候环境。此外，建筑群体布局结构中的“冷巷风”自然形成，为居民带来了更多的凉爽。同时，广泛使用遮盖物，既能遮挡阳光减少辐射，又为居民提供避暑休息空间。这些适应高温的建筑设计，不仅体现了人们的智慧，也为当地居民营造了一个宜居的舒适环境。

（3）对降水与潮湿的适应性。

乡村人居环境对降水的适应性也是一个综合性的问题，需要从多个方面进行考虑和解决。通过合理的建筑设计、材料选择、景观规划以及居民生活习惯的调整，为居民提供一个舒适、宜居的生活环境。在建筑设计方面，乡村房屋通常会采用开敞通透的布局，如敞厅、天井通廊等设计，以增加空气流通，减少室内潮湿。同时，屋顶的设计也会考虑排水功能，确保雨水能够迅速排出，防止积水问题。在材料选择方面，乡村建筑会倾向于使用防潮性能好的材料。例如，墙体材料可采用具有防潮功能的砖块或混凝土，地面材料则选择防滑、易排水的石材或瓷砖。这些材料不仅能有效抵御潮湿，还能提高房屋的使用寿命。在景观规划方面，乡村会注重绿化植被的种植，以吸收水分、调节气候。同时，通过合理的排水系统设计，确保雨水能够迅速排出，避免积水对乡村环境造成的不利影响。居民生活习惯方面，乡村居民通常会根据当地的气候条件，调整自己的生活习惯。例如，在潮湿多雨的季节，居民可能会增加通风次数，保持室内干燥；在降水较少的季节，则可能增加晾晒衣物的频率，防止衣物受潮。

如甘南地区的民居在历经千年的实践中，对于防范雨雪冰雹的侵蚀与破坏积累了丰富的经验。该地区气候独特，昼夜温差显著，夏季短暂而冬季漫长，严寒的气候条件对民居的墙体构成了严峻的挑战。雨水在墙面残留后，容易渗进墙体内部，浸湿土墙，进而影响房屋的结构稳定性。冬季时，墙体顶部的积雪在太阳辐射下融化，雪水沿墙体流下，持续侵蚀着土墙。而当夜晚气温骤降至零度以下时，这些液态的水会凝结成固态的冰，白天气温回升，冰的体积因热胀而变大，进而对墙体产生强烈的挤压和侵蚀，最终可能导致墙体开裂甚至坍塌。面对这一系列自然侵蚀的威胁，甘南地区的居民们展现了卓越的智慧和创新能力。他们巧妙地利用树枝扎成束，将其搁置于墙头，并用木板加以支撑，形成了一个天然的防水屏障。这一措施有效地阻止了雨水和融化的雪水渗透进墙体，从而保护了土墙免受雨雪侵蚀的侵害。这种简单而实用的方法，充分展示了甘南人民与自然和谐共生的智慧。再如胶东海草房在应对降水方面展现了独特的适应性设计。首先，其屋顶采用高耸的坡屋顶结构，坡度保持在50°～60°，这一独特设计不仅显著提升了排水效率，达到了常规30°坡屋顶排水速度的1.7倍，而且还减少了约50%的积雪积累。这种设计不仅保障了房屋在雨雪天气中的安全性，更彰显了当地居民对自然环境的深刻理解和巧妙利用。其次，胶东海草房的地面也经过精心处理，选择了沙土地面。沙土的高孔隙率使得在夏季骤雨时，大量雨水能够迅速渗透其中，并通过排水明沟顺着山势自然排入大海。这种设计不仅确保了房屋内部的干燥与舒适，也体现了胶东人民对自然环境的尊重与适应。

防潮对生活在湿热地区的人们尤为重要，而干栏式民居对防潮有很大作用。有些地区采用土作为建筑主要材料，虽然对于保温隔热效果较好，但是要注意墙体的防潮。所以墙体的下部常用石块垒砌，防止雨水将土墙浸湿。例如，云南等地的夯土建筑的墙体下部都是以石块垒砌而成；山地民居的泥砖墙具有防潮的性能。

（4）对风的适应性。

乡村的人居环境深受风的影响，尤其在热环境方面。风速的强弱直接关系到热交换的效率，而风向则对气温产生不可忽视的影响。因此，在规划不同气候区的村落时，应必须充分考虑风的因素。一方面，要防止不利风环境的形成，特别在冬季要加强防风措施。例如，当建筑排列与主导风垂直时，风往往从屋顶吹过，不利于热能的保持。为了提高高密度建筑区的空气流动性，应使主要街道的方向与夏季主导风向保持一致，这样可以创造更加宽松的村落模式，减少风速的降低。另一方面，可以结合当地的主导风向，促进村落夏季的自然通风，以优化微气候环境。在村落的外部环境设计上，地形、植物、水体和农田等因素都可以用来调节风向和风速。例如，在选择村落位置时，应避免山顶、山脊和隘口等地形，因为它们可能导致风速过大或过小，不利于居住环境的舒适性。

在我国冬季，西北风盛行，为了抵御寒潮的侵袭，村落的北面常有山体和树林作为屏障。风还会影响村落内部的巷道走向和建筑朝向，例如，在山区，巷道走向通常与山谷风平行。总体而言，村落内的风速要比周边地区小得多，这是由于建筑物和其他障碍物产生的摩擦作用。在严寒和寒冷气候区的建筑，单体民居北向迎风面往往开小窗或不开窗，以防止寒风侵入室内。同时，北端的房子在体量上通常较高，这样可以更好地遮挡寒冷的西北风，使庭院处于风影区，形成稳定的庭院环境。在南向主入口处，人们常常设置影壁，影壁不仅作为一道视觉屏障，有效保障了院落的私密性，防止了外部视线的直接侵扰；更重要的是，它还起到了显著的气候调节作用。在冬季，影壁能够有效阻挡来自街巷的寒风侵袭，确保庭院内微气候的稳定。值得注意的是，东北地区的村落大多不是正南正北排列，这与当地的主导风向有关。为了避免冬季主导风向带来的热损失，村落中正房的朝向通常选择与冬季主导风向垂直，从而有效阻止寒风在村落中贯通，减少热量的流失。

胶东海草房在应对风的挑战时，展现出了独特的智慧。其街巷走向的设计巧妙。夏季时，当地常风向与主要街道的夹角恰到好处，有助于引导村落内部通风，带来清凉。而到了冬季，街巷走向与冬季常风向基本垂直，显著降低了村落内部的风速，使得村落内部更加温暖。此外，高耸的坡屋顶设计，不仅将冬季的寒风引向高空，减小村落内部的风速，还通过减缓热交换过程，维持室内温度的稳定。同时，紧凑的村落形态在遭遇寒风时，能够形成连续的风影区，进一步降低风速，减少热量损失，确保村落的温暖与舒适。与此相似，海南的传统民居为应对台风季节也展现出了独特的抗风设计。它们多选择在山脚、背靠大山的地方建造，利用自然地形来防风。建筑材料上，选择抗风能力强的火山岩和黏土砖；建筑形式上，海南民居普遍低矮，屋顶瓦上还加上了灰塑压瓦，以增强抗台风的能力。尽管需要抵御台风，但海南的传统民居同样注重营造无台风时的舒适微气候环境，如村落的布局走向大部分与夏季主导风向平行布置，以便为炎热的夏季带来凉风，降低室内和体表的温度。这种设计既体现了对自然环境的尊重，也展现了人们对舒适生活的追求。

干旱地区的民居建造对通风设计尤为注重，因为自然通风不仅有助于对流增湿，还具有蒸发冷却的效果。通风设计主要基于风压和热压两种机制。在干旱地区的居住环境中，通风组织通常不是单一模式的，而是综合多种通风效应，实现内外、上下空间的协同作用。建筑元素、景观元素以及水利元素在这里相互匹配，共同提升通风效果，以应对干热环境。庭院在干旱地区不仅是景观，更是纳凉的好去处。在埃及和印度，庭院在居住空间布局中占据重要地位，旨在提升室内热舒适度。庭院布局合理时，能够为居住空间带来宜人的自然风。例如，埃及的居住建筑常用四周房屋围合形成天井式布局，使得庭院内的湿度逐渐上升，成为纳凉佳地。而伊朗则利用古老的坎儿井空调系统，结合捕风附件和地下空间，形成完整的冷却系统，为居民提供舒适的生活环境。

第二节　水源条件对乡村人居环境的影响

一、水源条件对乡村人居环境的影响

水源条件对乡村人居环境的影响深远而广泛。乡村水系，包括河流、湖泊、塘坝等水体，是乡村自然环境的重要组成部分，它们不仅承载着行洪、排涝、灌溉、供水、养殖等多重功能，还与乡村居民的生产生活密切相关。人类对水的利用关系是人类既需要将河流作为生活用水的水源，同时又必须防止河流、大雨以及泥石流带来的危害。这可以从村落所在地的地貌特征和河流关系来分析，可以从村落与河流的水平距离上来进行考量。水环境为乡村发展提供了丰富的资源环境，是村落的命脉，古今村落的营建多依水而建，傍水而生，在发展演变中不断适应区域水环境，形成独具特色的空间格局与肌理。

1. 水源是保证居民正常生活的首要条件

乡村地区的饮用水源通常取自河流、湖泊或地下水。乡村地区的居民生活和农业生产都离不开水，而水系作为天然的水资源储备库，为村落提供了稳定且可靠的水源。无论是生活用水还是农业灌溉，水系都发挥着不可或缺的作用。然而，由于农业生产中的化肥、农药使用，以及生活污水的排放，一些水源可能受到不同程度的污染。污染物如重金属、农药残留等有害物质，如果未经处理直接进入饮用水，长期饮用这样的水会对居民的身体健康造成严重影响，可能导致骨质疏松、骨变形，甚至瘫痪等健康问题。因此，确保水源的清洁和安全是维护乡村居民健康生活的首要任务。在一些乡村地区，由于气候变化或过度开采地下水，导致水源短缺，同样影响了乡村居民的饮水安全。乡村地区的河流、湖泊等水系在暴雨或融雪季节容易引发洪水，在洪涝灾害发生时，如果乡村居民住宅建设在洪水易发区域或缺乏必要的防洪设施，洪水将会直接对村落的居民生活和财产安全构成威胁。比如黄河的洪水威胁深刻影响了滩区居民的生活方式。为了保护家园免受洪水侵袭，滩区居民不得不采取一系列防洪措施，如建造房台、修建堤坝等。这些措施不仅增加了他们的生活成本，也限制了他们的居住和出行方式。同时，黄河的洪水也给他们带来了巨大的心理压力，使得他们长期处于担忧和不安之中。另外，黄河的航运功能也对滩区居民的生活方式产生了一定的影响。历史上，黄河曾是重要的航运通道，但由于河道条件复杂，航运并不发达。这限制了滩区居民与外界的交流和联系，使得他们的生活方式相对封闭和保守。

2. 水源条件是农业生产和经济发展的保障

首先，水源是农业生产的命脉。农业是乡村的重要产业，而水是农业生产的命脉。水是农业生产的基本要素之一，对于农作物的生长、发育和产量具有决定性的影响。充足、清洁的水源可以确保农田得到及时、有效的灌溉，从而提高农作物的生长速度和产量。在干旱或水资源匮乏的地区，农业生产往往受到限制，农民的收入也会受到影响。因此，水源的丰歉直接关系到农业生产的稳定性和农民的生活水平。不合理的用水方式和水资源浪费会导致水源枯竭和生态环境恶化，进而威胁到农业生产和经济发展的可持续性。其次，水源对乡村经济发展具有推动作用。乡村经济以农业为基础，而农业生产离不开水源的支持。随着农业现代化的推进，乡村地区开始发展多种经营，如渔业、养殖业等，这些产业同样需要充足的水源。此外，水源还可以带动乡村旅游业的发展，吸引游客前来观光、休闲，从而增加乡村地区的经济收入。因此，加强水资源的保护和合理利用，提高农业用水效率，是乡村农业生产和经济发展的重要任务。

3. 水源条件对保护乡村生态环境、传承乡村文化至关重要

水系作为乡村自然生态系统的核心组成部分，对于维护乡村生态平衡和生物多样性具有至关重要的作用。乡村地区的水系往往具有丰富的生物多样性，为村落提供了良好的生态环境。同时，水系的美景

也为乡村村落增添了独特的景观魅力，提升了乡村的居住品质。一个健康的水系网络能够保持水流的畅通，促进水资源的循环利用，有助于改善乡村的生态环境，促进水生动植物的健康成长，维护河流、湖泊等水体的生态功能。相反，如果水源受到严重污染或过度开发，可能导致水体富营养化、黑臭水体等问题，破坏生态环境，影响乡村的整体美观和居民的生活质量。水源条件与乡村的文化和传统密切相关，是乡愁和记忆的重要载体。随着城市化的发展，人们越来越向往农村的自然风光和乡野情趣，乡村水系作为乡村风貌的重要体现，对于保留人们的乡愁与记忆具有重要意义。许多乡村地区都有独特的水文化，如龙舟竞渡、水灯节等民俗活动，这些活动不仅丰富了乡村的文化生活，也传承了乡村的历史和传统。因此，保护好水源条件，也是传承和发扬乡村文化的重要方式。

4. 水源条件是影响村落形成与布局的关键因素

（1）水分条件是村落形成与发展的首要因素。

水源地的位置和供水量是决定村落选址与规模的关键因素。村落通常倾向于靠近水源地，特别是那些能提供方便且清洁的生活用水的地方，这使得村落多沿河流两岸、湖泊四周、沟谷、溪流边或附近有清泉的地方分布，形成了一幅幅“小桥流水人家”的宁静画面。冲积平原等地形平坦、土壤肥沃、水源丰富的地区，往往成为村落集中分布的地区，这是因为水源充足，为村落提供了充足的生产生活用水，同时也使得这些地区具有更好的交通运输条件，方便了村落的对外联系和运输。村落近水满足了取水的便利，但也不能太近，以避免生活污水对水源的污染以及水患对村落的威胁；同时，河川（溪）的弯度、流量、流速、流向、梯度落差、常年洪水线、枯水线以及地下水位置，都是影响村落的基本要素。

水系还影响着村落的规模。在水源供给充沛、水网密布、交通便利的地区，村落之间的联系更加紧密，有利于形成较大规模的村落或村落群；相反，在水源供给匮乏、水网稀疏、交通不便的地区，村落之间的联系可能较少，导致村落相对分散，规模也较小。而在沙漠地区，村落则倾向于分布在绿洲地带或那些方便取用地下水的区域。在我国西北地区，尽管总体上人口密度较小，但绿洲地带却是人口的高密度聚居区。

聚居区的形成与发展在很大程度上依赖于水资源的供应，而对于干旱地区而言，水资源的重要性不言而喻。在古代，由于缺乏现代化技术和抽水系统，古人巧妙地创造了被动式的送水系统——“坎儿井”。通过这一系统，把冰山融化的水引导至聚居区域，为人们的生活提供了便利。大约公元前1000年，波斯人就开始建造这种坎儿井隧道系统，用于将山区盆地的地下水输送至居住区，以满足人们灌溉农地、花园以及饮用生活水的需求。

（2）水系对村落的形态布局影响显著。

水系的空间分布和流向对乡村村落的形态布局有着显著影响。乡村村落的平面展布方式，特别是民宅、仓库、圈棚、晒场、道路和水渠等设施的排布，常常受到当地水系结构的显著影响。当水系呈现直流形态时，村落往往以水系为中轴线形成带状分布；在水系弯道处，村落则倾向于在转弯处的开阔地带集聚成团状；而在水系交汇点，村落的布局会同时展现带状和团状特征，形成较大规模的组团式村落。如古徽州地区河流丰富，水脉联系通达形成整体，村落以错综复杂的水脉为据营建，表现为边缘性与组团式结合的村落形态。同时，山水共同影响下的村落边界并不规则，与自然环境和谐咬合，而村落内部的街巷、院落和屋舍布局则显得紧凑有序。在高原地区，村落多分布于深切河谷两岸的狭窄河漫滩平原，形成明显的带状分布；而在山区，村落则多选择洪积扇和河漫滩平原作为聚居地，同样呈现出显著的条带状特征。在平原地区，村落的分布最为密集，有的沿着河流延伸形成沿河村落带，有的则沿海岸线发展，构成沿海村落带。

二、乡村人居环境基于水环境影响的适应性表现

水是生命之源，“逐水草而居”是早期人类选址考虑的最主要因素。随着生产力的发展，人类对水天然分布状况的依赖程度有所减弱，但是水资源仍然是人类生活和生产的重要条件。水的重要性在于居民的生产、生活都离不开水，良好的水系环境是村落选址的首要因素。水除却作为村落生息之源，在长久的自然环境变化之中，水亦是具有不确定性、无规律性且不可预见的威胁因素，要注意防范。在人类社会发展的历史，各地乡村发展都表现出了对水环境的适应性。

1. 黄河下游地区独特的适应黄河之道

黄河下游地区地势平坦，土壤肥沃，气候适宜，四季分明，光照充足，为人们的居住提供了良好的自然环境。同时，该地区水资源相对丰富，灌溉便利，为农业生产提供了良好的条件，形成以农耕文化为主导，农田、村落、水系等景观元素相互交织形成独特的田园风光。然而，黄河下游地区也面临着一些挑战。由于历史原因和自然条件的影响，该地区的水土流失问题较为严重，这对当地的人居环境造成了一定的影响。此外，黄河下游的洪水问题也是一大隐患，需要采取相应的措施进行防范和治理。因此，黄河下游村落通过选址、布局、建筑设计、农业生产和文化传承等多种方式展现出了对黄河的适应性。这种适应性不仅有助于村落的生存和发展，也体现了人类与自然环境的和谐共生关系。

（1）村落在选址和布局上充分考虑了黄河的水文特性和潜在风险。

由于黄河下游经常受到洪水威胁，居民在选择村落的地址时，会充分利用水势特征，往往会选择在地势较高、距离堤坝距离较近、不易受洪水侵袭的地方建立。同时，一些村落还会利用地形地貌，如河流弯道内侧滩地等相对安全的地带进行布局，以减轻洪水对村落的直接冲击。这样的选址不仅符合传统风水观念中的安全原则，更体现了居民对黄河水文特性的深刻理解和应对。

（2）民居在建筑设计上，采取了独特的台房形式。

黄河下游的台房民居是滩区民众为了应对洪水威胁而创造的一种独特建筑形式。这些民居的最大特点是建立在高出的土台上，被称为“台子房”或“台房”，下面的土台则称为“房台”或“岗子”。房台通常是梯形的高土台，高达几米甚至十几米。这样的设计巧妙地将房屋置于洪水侵袭之外，守护着居民的生命与财产安全。在建造过程中，村民会耗费巨大的精力和财力先垫土台，这个过程被称为“垫台子”或者“垫岗子”。土台的材料取自当地丰富的黄土资源，经过精心压实与夯实，构筑起坚固的基础。房台有一户一台的形式，各家形成一个独立的活动空间，被称为“避水台”。在规模较小的村落，邻里关系比较融洽的住户也会共同垫一个大一点的房台，共用一台，这样的高台被称为“连水台”。还有，近年来在政府倡导下，滩区内整个村或多个村共建在一起的“大村台”，防水效果更优，基础设施也非常完善。

过去一家一户修筑房台，建成的房台标准很低，台基高低不一，村内房屋随地基起伏很大，高矮参差不齐，处于同一个院落内的不同房舍由于建设时期不同，所处地基高矮差距也很大。高高隆起的房台尽管排水方便，但因其分散、规模小的特点，也带来了一系列问题。一些村庄的街道和街巷地势低洼，洪水泛滥时，街道甚至变成河道，而房台则如同孤岛。长时间受洪水浸泡，这些房台容易出现不均匀沉陷、形成冲坑，对于房台较高的地方，还存在滑塌的风险，进而引发房屋裂缝等安全隐患。过去由于经济条件比较落后，筑台建房过程非常艰难，“三年攒钱、三年垫台、三年建房、三年还账”是当时滩区人们生活的真实写照。甚至有些人垫台要用上半生精力，比如，一些地方男孩出生后父母便开始垫台，经过一段时间垫一层土，再经过一段时间再垫上一层，垫垫停停，直到孩子长大，“房台”才能筑好。近年来，党和国家十分关注滩区居民生产生活安全，出台一系列政策支持滩区迁建工作，随着国家对黄河治理和滩区居民搬迁政策的推进，通过易地搬迁、居民外迁、就近就地筑村台等措施，使滩区居民的生产生活方式发生了巨大变化。一方面，通过建设防洪工程和推进滩区居民搬迁，滩区居民的生命财产安全得到了更好的保障；另一方面，通过发展现代农业和旅游业等新兴产业，滩区居民的收入来源也得到了拓宽。

（3）居民在生活方式上展现出了对黄河的适应性。

黄河作为中华民族的母亲河，其流域是中华文明的发源地之一。黄河下游村落的居民在历史长河中，与黄河形成了深厚的依存关系，其生产生活方式，深深地根植于这片肥沃的土壤和丰富的水资源之中，具有鲜明的地域特色。首先，黄河下游村落的主要生产方式依然是农业。由于黄河下游地区土地肥沃，水资源相对充足，因此村民们主要依赖种植水稻、小麦等粮食作物为生。他们根据季节的变化和黄河的流量来安排耕种和灌溉，确保农作物的生长和丰收。其次，渔业也是黄河下游村落的重要生产方式之一。黄河下游地区水系发达，河流纵横交错，为渔业的发展提供了得天独厚的条件。村民们利用船只和渔网，在黄河及其支流中捕捞各种鱼类，既丰富了自家的餐桌，也为市场提供了丰富的鱼类资源。此外，随着时代的变迁，黄河下游村落的生产方式也在逐渐多元化。一些村落开始发展养殖业，如养猪、养鸡等，以增加收入。同时，一些村民也利用当地的自然资源和文化特色，发展旅游业和特色手工艺品制作，为村落的经济带来新的增长点。

（4）滩区村落的居民们还形成了独特的文化传统和民俗风情。

黄河下游台房民居的建筑风格体现了黄河文化的特色。房屋通常采用传统的建筑技术和材料，如土坯、砖瓦等，既适应了当地的气候条件，又体现了黄河文化的深厚底蕴。此外，这些民居的布局和设计也充分考虑了当地的自然环境和生活习惯，展现了人与自然和谐共生的理念。因此，黄河下游的台房民居是黄河文化和滩区民众智慧的结晶，既具有实用性，又富有文化价值。它们不仅是当地居民生活的重要场所，也是黄河文化的重要载体和传承者。黄河下游村落的居民还通过文化习俗和社会组织来适应黄河的生态环境。他们形成了独特的黄河文化，通过举办各种与黄河相关的文化活动，如祭祀、庙会等，来表达对黄河的敬畏和感激之情，以祈求黄河的安宁和丰收。这些文化活动不仅丰富了当地的文化内涵，也增强了乡村村落的凝聚力和向心力。同时，他们也会利用当地的材料制作各种手工艺品，如草编、剪纸等，这些手工艺品不仅具有实用性，更体现了当地的文化特色。

2. 天人合一，背山临水的晋东南传统村落

晋东南的传统村落以其独特的方式坐落于河流附近的山谷或山腰，既满足了农业生产的需要，又发展了广阔的耕地。在选址时，这些村落严格遵循“地肥土沃，因地制宜”的原则，选择山区中相对平坦的地带建设居住和生产的建筑。它们巧妙地位于高位水池与河流之间，充分享受两者的便利条件，形成了独特的“山—田—池—村—河”水环境结构。考虑到夏季东南风的气候特点，村庄中的大多数建筑被精心布局在河流的北侧，确保凉爽的空气能够顺畅地吹入村庄，为居民提供宜人的居住环境。村落内外的规划与建设都与水环境紧密相连，形成了更加完整的“山—田—池—村—河—田”结构，为村落的水环境提供了坚实的物质基础。

这些依山傍水、自然形成的传统村落，以河流为核心脉络，与区域内所有空间元素紧密相连，呈现出显著的外向型村落特征。然而，随着新建筑区的不断扩张，河流遭受严重污染，其作为生产生活核心的地位逐渐丧失。这一变化导致村落的区域整合核心发生转变，由外向型向内聚型发展，河流在村落发展中的核心作用逐渐淡化。在古建筑区，建筑依山而建，院落高低错落，层次分明。不平整的土地上生长着各种植物，形成了独特的微气候，实现了自然与村庄的和谐共存。宗教用地、产业用地、公共用地和服务设施用地等，都巧妙地融入传统区域，与自然环境和谐共生。相比之下，新建筑区则显得较为单一，主要用于居住，导致自然、村庄和人的关系逐渐疏远。在村落环境的整体结构中，“河”作为核心要素，对村落的空间布局产生了深远的影响，是传统村落发展的核心线索。然而，随着河流环境的恶化，这一

核心要素的地位逐渐减弱，对村落的未来发展提出了新的挑战。

3. 向水而生的徽州传统村落

向水而生的徽州传统村落，是自然与人类智慧相融合的典范。这些村落巧妙地利用水资源，不仅在农业生产、生活用水方面发挥重要作用，更在村落的布局、建筑风格和文化内涵中体现出水的重要性。

徽州地区因其地形多山多水的独特环境，村落选址和建设紧密围绕着水资源展开。村落常坐落于河流环抱的山谷或山腰，这样的位置既确保了农业灌溉和生活用水的便利，又让人们得以享受山水间的宁静与美景。在村落规划中，人们巧妙地根据地势和水流方向来布局道路、房屋和公共设施，使得整个村落的形态与水环境和谐相融。徽州传统村落的水资源利用堪称一绝。水圳、水塘、水堰等灌溉工程巧妙地调节水量，保障农业生产，同时也为村民的生活带来诸多便利。水缸、水池等则作为消防用水的储备，确保村落的安全。这些水系与建筑、道路等相互交织，构成了徽州村落独特的景观，增添了浓厚的文化韵味。

徽派建筑作为徽州传统村落的重要组成部分，同样体现了向水而生的特点。建筑依山傍水而建，与水环境相互映衬，形成了一幅幅美丽的山水画卷。马头墙、小青瓦等特色元素在水的映衬下更显古朴典雅，为村落增添了无尽的美感。徽州传统村落向水而生的特点还蕴含着丰富的文化内涵。水是生命的源泉，也是文化的载体。在徽州文化中，水被赋予了清澈、纯净、灵动等丰富的象征意义。这些象征意义不仅体现在村落的布局和建筑中，更深深地融入了人们的生活方式和思想观念中，形成了独特的徽州文化特色。

4. 二元分化的岭南水乡村落

相较于江南水乡村落，岭南水乡村落的历史普遍较短，大部分岭南水乡的村落形成于明清时期，那是一个充满变革与创新的时代，也是岭南文化蓬勃发展的时期。在这片水乡之中，二元分化的现象尤为明显。村落主要可分为围田区和沙田区两大类，两者虽同源于江河泥沙的冲积，却呈现出截然不同的风貌。围田区，这片古老的土地，其形成陆地的时间较早。居民们在这里辛勤耕耘，世代相传，使得这片土地成为高产的农业种植区。围田区的村落发展成熟，房屋错落有致，街道宽敞整洁，处处透露着繁荣与富饶的气息。与之相对的是沙田区，这片土地的形成相对较晚。它位于海域或河流沿岸，是泥沙淤积而成的新生地。沙田区的村落发育和农业发展都较围田区落后，但这并不意味着它缺乏魅力。相反，沙田区的自然风光更为原始，村落建筑也更显古朴。这里的居民们虽然生活艰苦，但他们的坚韧与乐观却让人敬佩。在岭南水乡的这片土地上，围田区与沙田区共同构成了水乡的独特风貌。虽然两者在经济发展、社会风貌等方面存在明显的差异，但正是这种差异使得岭南水乡更加丰富多彩。无论是围田区的繁华还是沙田区的古朴，都是这片土地上不可或缺的一部分，共同书写着岭南水乡的历史与文化。

5. 水是绿洲村落选址需要应对的关键因素

水是最重要的绿洲人居资源。在干旱气候的控制下，绿洲虽然被沙漠和戈壁所包围，但拥有丰富的水资源和良好的生物密度等独特形成条件。在绿洲自然资源中，水资源是绿洲的命脉，换言之，绿洲的存在取决于水的存在。因此，绿洲村落的选址必须充分考虑水源的可靠性和稳定性。首先，绿洲村落需要靠近稳定的水源，如河流、湖泊或地下水丰富的地区。这些水源不仅为村民提供日常生活所需，也是农业生产和畜牧业的基石。通过合理利用水资源，绿洲村落可以在干旱环境中创造出适宜人类居住和生产的条件。其次，绿洲村落的选址还需要考虑气候因素对水源的影响。在干旱地区，蒸发量大，降水稀少，这可能导致水源的减少或干涸。因此，绿洲村落需要选择那些水源稳定、不易受气候变化影响的地区。同时，村落还需要制定有效的水资源管理措施，如节水灌溉、雨水收集等，以应对气候变化带来的挑战。此外，绿洲村落的选址还受到地形、土壤等其他自然因素的影响。例如，村落可能位于山麓冲积扇或洪积平原等有利于农业生产的地区。这些地区通常土壤肥沃、水源丰富，为绿洲村落的发展提供了有利条件。因此，通过合理选址和有效利用水资源，绿洲村落可以在干旱环境中实现可持续发展。

第三节　地形地貌及植被对乡村人居环境的影响

一、地形地貌对乡村人居环境的影响

地形地貌作为传统村落选址与布局的基础地理条件，其重要性不容忽视，它全面渗透到村落的各个层面，深刻塑造着其他要素及整体地理环境的特征。在探讨居住环境的优选时，尽管存在政治、经济、军事及自然等多重因素的交织影响，但回溯至最初阶段，自然环境无疑占据了主导地位，尤其是地貌与水文条件，在村落选址决策中显得尤为关键。在农耕文明时期，鉴于技术水平的局限性，人类难以对自然环境实施大规模改造，因此，村落的选址往往基于对现有自然环境的精心考量与顺应。在此过程中，那些拥有优越地形地貌特征，以及山川河流等自然资源的地点，成为了人们竞相选择的理想之地。这些要素不仅为村落提供了适宜的生活和生产条件，还赋予了村落独特的景观和文化特色。可以说，地形地貌是传统村落选址与布局的基石，它塑造了村落的基本形态和特征，也影响了村落的发展方向和居民的生活方式。

1. 地形地貌决定了村落的形态布局和规模

地形地貌对于村落的布局及形态有直接的影响，在一定程度上限制着村落的发展，对传统村落的选址、形态以及民居单元均有一定的影响。自古以来，土地是营建村落的基础，村落在设计时充分考虑土地的有效利用，在布局和形态上充分适应地形地貌特征，营建出与自然环境相适应的村落布局与形态。平原地区因其地势平坦、开阔，成

为乡村建设及人们居住的理想地貌。在此，村落通常呈现团状或带状分布，规模较大且相对集中，住宅排列有序，形成团聚型或棋盘式的布局，华北平原上的大型村落便是其典型代表。而在山区或丘陵地带，地形起伏较大，民居建设则因地制宜，依山傍水而建，形成了独特的立体村落景观。这种错落有致的布局不仅充分利用了建筑间的高差，确保了每个宅院都能获得良好的自然通风、充足日照和优美景观，还展现了山地民居的特色风貌。在南方山地丘陵区，地形更为复杂，居民点多依山而建，高低错落，分布较为稀疏。这些村落规模相对较小，空间分布相对分散，人口也相对较少。村落这种地理分布特点使得不同地区的村落呈现出各自独特的景观和文化特色。

2. 地形地貌影响了村落的建筑风格和结构

地形地貌对村落的建筑风格和结构产生了深远的影响。首先，村落的建筑风格往往受到当地地形地貌的直接影响。在平原地区，由于地势平坦、土壤肥沃，乡村建筑多采用土木结构，注重实用性和稳定性。而在山地或丘陵地区，由于地形崎岖、交通不便，建筑则更多地采用石材，以适应山地的气候和地质条件，同时也展现出了独特的山地建筑风格。其次，地形地貌也对乡村建筑的结构设计产生了影响。在平原地区，由于地势平坦，建筑布局多呈现出规整、统一的特点，院落开阔，房屋排列整齐。而在山地或丘陵地区，建筑则依山就势，灵活布局，充分利用地形地貌的特点，形成了错落有致、层次丰富的建筑群落。这种因地制宜的建筑风格不仅适应了地形地貌的变化，也丰富了乡村聚落的景观风貌。此外，地形地貌还影响了乡村建筑的通风、采光和排水等方面。例如，在山地地区，由于地势较高，气候较为凉爽，建筑多注重通风和采光，门窗设计较大，以充分利用自然光照和空气流通。而在平原地区，由于气候较为湿润，建筑则更注重排水和防潮，屋顶多采用坡顶设计，以便于雨水排放。

3. 地形地貌可对村落的经济发展和社会生活产生影响

地形地貌对乡村聚落的经济发展和社会生活产生了深远的影响。

首先，从经济发展角度来看，地形地貌是乡村经济发展的重要基础。在平原地区，由于地势平坦、交通便利，有利于农作物的种植和运输，因此农业生产较为发达，为乡村经济提供了坚实的基础。同时，平原地区的村落规模较大，人口密集，有利于商业和服务业的发展，促进了乡村经济的多元化。而在山地或丘陵地区，由于地形崎岖、交通不便，农业生产受到一定限制，但往往拥有丰富的自然资源和独特的生态环境，适合发展特色农业、林业和旅游业，为乡村经济带来新的增长点。其次，地形地貌对乡村聚落的社会生活也产生了重要影响。在平原地区，由于交通便利、信息畅通，乡村居民的生活节奏较快，社交活动较为频繁，文化娱乐生活较为丰富。而在山地或丘陵地区，由于交通不便、信息闭塞，乡村居民的生活节奏相对较慢，社交活动较为有限，但往往保留着更为传统和纯朴的民俗文化，形成了独特的社会风貌。另外，地形地貌还影响了乡村聚落的布局和形态，进而影响了乡村居民的生活方式。在山地或丘陵地区，由于地形起伏较大，乡村聚落往往依山傍水而建，形成了独特的山水田园风光，居民的生活方式也更多地与自然环境和谐共生。而在平原地区，乡村聚落的布局则更为规整和统一，居民的生活方式也更为现代化和城市化。

4. 地形地貌对乡村聚落发展的双重影响：风险与挑战并存

在地形起伏显著的山地地区，夏季雨季期间降雨往往集中且持续时间长，这导致土壤承载力显著下降，从而增加了山区发生突发性地质灾害的风险，如山体滑坡等自然灾害。特别是在地形起伏最为剧烈的地方，这种风险更是达到顶峰，对当地居民的生命财产安全构成严重威胁。此外，地形起伏波动大的区域往往伴随着人地矛盾的凸显，给村落的兴建与发展带来了诸多挑战。这些地区土地资源有限，人口分布不均，导致村落的扩展与建设受到限制，难以实现规模化和现代化的发展。同时，地形变化的剧烈程度也直接影响着当地的气候条件。在较小的区域内，山地垂直落差显著，容易形成气候的竖向分层现象，使得不同高度的气候差异加大。而地形越复杂多变，如山谷等地形起伏剧烈的区域，往往更易引发一系列微气候变化现象，如“地形风”“狭管效应”“逆湿现象”等。这些现象不仅影响着当地的生态环境，也给居民的生活和生产活动带来了一定的困扰。

因此，在山地地区进行村落规划和建设时，必须充分考虑地形地貌的影响，采取科学合理的措施来防范地质灾害、缓解人地矛盾以及应对微气候变化带来的挑战，以实现村落的可持续发展和居民生活质量的提升。

二、植被条件对乡村人居环境的影响

1. 植被的生态功能

（1）调节小气候。

利用植物叶片的遮挡阳光作用，能够在固定区域内营造一片阴影区域，阻挡太阳辐射。植被通过蒸腾作用释放水分到大气中，增加空气湿度，对当地的气候产生积极影响。特别是在夏季，植被的光合作用和蒸腾作用消耗了大量的太阳能，使得地表温度相对较低，有助于创造更舒适的生活环境。例如，新疆居民为了适应当地气候条件并提升院落舒适度，采取了巧妙的绿化策略。通过种植葡萄藤构建廊架，不仅为院落创造了凉爽的遮阴区，还显著降低了局部温度，营造了一个舒适的空间。同时，他们选择了适应当地气候的果树，这些植物不仅减少了热辐射，还有助于保持土壤湿度，提高了整体环境的舒适度。庭院内的植物通过蒸腾作用，有效吸收空气中的热量，为改善人居环境创造了理想的微气候环境。这些举措充分体现了新疆居民在景观利用方面的生态智慧。

（2）改善空气质量。

植物除了对区域内温度湿度进行调节之外，在导风、防风、防风沙方面还起到重要的作用，尤其是在防风沙方面，高大的乔木和宽阔的植物叶片，能够降低空气流速，在风沙方面，能够阻挡大部分吹向村落的风沙，同时还具有相当强的滞尘能力，缓解当地的空气污染。

植被能够吸收空气中的污染物，如二氧化硫、氮氧化物和颗粒物，有助于改善乡村的空气质量，为居民提供更健康的生活环境。

（3）土壤保持与水源保护。

植被的根系可以固定土壤，减少水土流失，从而保护乡村聚落的土壤资源。同时，植被还能减缓水流速度，减少洪水和水土流失，对乡村的水源起到保护作用。

（4）生物多样性保护。

植被是生物多样性的重要组成部分，为许多动物提供栖息地、食物和繁殖场所。丰富的生物多样性有助于维护乡村的生态平衡，提高人居环境的整体质量。

（5）心理与美学价值。

植被为乡村提供美丽的景观，有助于提升居民的生活质量。同时，绿色环境也有助于缓解压力、提高心理健康水平，对乡村居民的身心健康具有积极的影响。

然而，需要注意的是，不合理的植被开发和管理也可能对乡村人居环境产生负面影响。例如，过度砍伐、滥伐林木等行为可能导致土壤侵蚀、水源减少、生态失衡等问题，从而影响乡村居民的生活质量。因此，在乡村发展过程中，应加强对植被的保护和管理，实现植被与人居环境的和谐共生。

2. 植被影响村落建筑材料的选取

植被对乡村聚落建筑材料的选取具有显著的影响。植被的丰富程度决定了当地可获取的建筑材料种类。在植被茂盛的地区，居民往往更倾向于利用当地的自然资源，如木材、竹子、棕榈叶等作为建筑材料。这些材料不仅易于获取，而且具有良好的保温、隔热性能，适合乡村聚落的建筑需求。比如，草原地区主要用小叶樟的一种草做屋顶铺盖材料；林区用树木捆扎成“马架子”形的建筑；云南西双版纳地区人们多用竹木作为建筑材料，傣家竹楼是云南民族风情旅游的重要景观。同时，植被的生长状况也影响了建筑材料的选取。例如，在树木生长缓慢或砍伐受限的地区，居民可能会选择其他替代材料，如泥土、石头等。这些材料虽然不如木材轻便，但具有较好的耐久性和稳定性，适合建造持久耐用的建筑。此外，植被对土壤的影响也间接影响了建筑材料的选取。在植被覆盖良好的地区，土壤往往富含有机质，这为建造土坯房等利用土壤材料的建筑提供了有利条件。相反，在植被破坏严重的地区，土壤可能贫瘠、侵蚀严重，不适合直接作为建筑材料使用。还有，植被的生态保护价值也影响了建筑材料的选取。随着人们对生态环保意识的提高，越来越多的乡村居民开始关注建筑材料的环境友好性。因此，在植被丰富的地区，居民可能更倾向于选择可再生、可降解的建筑材料，以减少对自然环境的破坏。

总之，植被对乡村聚落建筑材料的选取具有重要影响。在乡村发展过程中，应充分考虑植被资源的特点和生态保护需求，选择适合的建筑材料，实现乡村建筑的可持续发展。

3. 风水学认为植物是影响阳宅吉凶的重要因素之一

风水学在中国传统文化中占据着重要的地位，特别是在选择宅基地和周围植被方面，风水学有着细致入微的考量。风水学认为，通过合理的布局和种植，树木可以影响宅基地的气场，为居住者带来吉祥、富贵和安宁。首先，风水学强调树木对于宅基地的屏障保护作用。在广袤的平原上，如果缺乏树木作为屏障，那么宅地就难以抵挡来自外部的不良气场，如寒风、煞气等。而在山谷地带，由于风势强劲，如果没有树木遮挡，那么宅地就难以保持温暖和稳定的气场。因此，选择适当的树种和布局，对于维护宅基地的气场平衡至关重要。其次，风水学认为不同的树种具有不同的象征意义和气场属性。例如，柘树在风水学中象征着坚韧和持久，因此适合种植在壬子癸丑方位，以增强宅基地的稳固性。松柏则象征着长青和长寿，适合种植在寅甲卯乙方位，以提升宅地的生命力和活力。杨柳则象征着柔美和谐，适合种植在丙午丁未方位，以调和宅地的气场。石榴树则象征着多子多福，适合种植在申庚酉辛方位，以促进家庭的和睦和繁荣。

此外，风水学还强调树木的种植位置对于宅基地的影响。例如，宅前种植槐树被认为可以带来三世的富贵，因为槐树在风水学中象征着尊贵和繁荣。宅后种植榆树则可以驱百鬼、保家宅安宁，因为榆树在风水学中具有辟邪和镇宅的作用。然而，宅东种植杏树则可能带来凶兆，因为杏树在风水学中被认为是不吉利的象征。同样地，宅北种植李树、宅西种植桃树也被认为是引诱淫邪之物，应避免种植。

需要注意的是，虽然风水学在中国传统文化中有着悠久的历史和广泛的影响，但它并不能完全解释或预测所有的自然现象和社会事件。因此，在选择宅基地和种植树木时，我们应该结合实际情况和自身的需求进行综合考虑，而不是过分迷信风水学的说法。

第四章

区域社会经济条件对乡村人居环境的影响

社会经济因素作为乡村人居环境变迁的关键外部驱动力，其影响力广泛而深远，需从多维度、多层次进行细致剖析。优化社会经济环境，不仅是推动乡村人居环境优化的重要途径，更是提升村民福祉、促进乡村可持续发展的核心策略。通过精准施策，强化经济基础，完善社会服务，能够全方位激发乡村活力，构建更加宜居、宜业、宜游的乡村生活图景，让村民在享受现代化便利的同时，也能深刻感受到乡土文化的独特魅力与生态环境的和谐之美。

第一节　社会经济条件对乡村人居环境的影响

一、经济条件

1. 经济发展水平

区域经济发展水平直接决定了对人居环境改善的投资能力和实际改善效果。在经济比较发达的地区，往往有更多的资源和资金用于基础设施、公共服务、环境卫生等方面的改善，从而提升乡村人居环境的质量。首先，经济发展带来了乡村基础设施的完善。随着资金投入的增加，乡村地区的道路、供水、供电、通信等基础设施得到了极大的改善，使得乡村居民的生活质量得到了明显提升。这些基础设施的完善不仅方便了乡村居民的日常生活，也为乡村的经济发展提供了有力的支撑。其次，经济发展还促进了乡村居民环保意识的提升。随着生活水平的提高，乡村居民对美好生活的需求也日益增长，他们更加关注自己的居住环境和生活质量。因此，乡村居民开始积极参与到人居环境改善的行动中，自觉维护乡村环境的整洁和美观。最后，经济发展也为乡村人居环境改善提供了更多的资金来源和政策支持。政府通过制定相关政策，加大对乡村人居环境改善的投入力度，为乡村人居环境的改善提供了有力的保障。

经济发展与乡村人居环境改善是相互促进的关系。一方面，经济发展为人居环境改善提供了物质基础和支持；另一方面，人居环境的改善也能够吸引更多的投资和人才，进一步推动经济的发展。然而，需要注意的是，区域经济发展过程中也可能存在一些对乡村人居环境造成负面影响的情况。例如，一些地区在追求经济发展的过程中可能忽视了环境保护，导致环境污染和生态破坏等问题。这些问题可能对乡村居民的生活质量和健康造成威胁，因此需要在经济发展与环境保护之间找到平衡。

2. 产业结构与就业

区域产业结构决定了乡村地区的经济特征和发展方向。随着产业结构的优化和升级，乡村地区能够吸引更多的资本、技术和人才，进而推动乡村经济的发展。例如，当农业向现代化、高效化方向转变时，农业生产方式将得到改善，农民收入将增加，这有助于提升乡村居民的生活水平，进而改善乡村人居环境。同时，随着农业、乡村旅游、生态养殖等产业的蓬勃发展，乡村地区的产业结构将更加多元化，这也将为乡村居民提供更多的就业机会，进一步促进乡村人居环境的改善。

就业状况对乡村人居环境具有直接影响。经济发展可以创造更多的就业机会，这对于乡村居民来说尤为重要。如果乡村能够发展符合当地特色的产业，提供多样化的就业机会，乡村居民就可以在家门口就业，这不仅提高了他们的生活水平和生活质量，也有助于减少人口外流，稳定乡村社会结构。同时，就业的增加也意味着乡村居民收入的增加，这将使他们有更多的经济能力投入改善居住环境中，例如，修建新房、改善卫生设施等。此外，就业机会的多样性也会使乡村居民更加注重人居环境的改善，因为随着收入的增加，他们有更多的时间和意愿投入改善居住环境中。

不同的产业结构对乡村人居环境的影响不同。例如，以农业为主的乡村地区，可能会因为生产方式落后、经济效益低下而对乡村人居环境造成负面影响；而以旅游业为主的乡村地区，可能会因为旅游开发过度而对生态环境造成破坏。

3. 黄河下游村落经济发展

黄河下游村落经济发展呈现出蓬勃的活力与多元化趋势。首先，黄河下游村落依托其丰富的自然资源和人文资源，发展了多种经济形式。该地区不仅拥有丰富的水资源，黄河及其支流为农业灌溉提供了重要保障，还有广阔的耕地面积和草原资源，适宜发展各种农作物和养殖业。农业作为传统的基础产业，现代农业技术的引进不仅提升了农产品的产量和质量，更催生了特色农业如有机蔬菜、水果种植等，满足了市场对高品质农产品的日益增长的需求。

其次，随着电商和直播带货的兴起，当地农民不再局限于传统的农业生产，而是开始尝试和探索各种新经济形式，开始利用网络平台进行产品销售。这些新经济形式的出现，不仅丰富了农村经济的内涵，也为农民带来了更多的收入来源。农民们借助网络平台，通过开设网店、参与直播带货等方式，将当地的特色农产品销往全国乃至海外市场。这不仅拓宽了农产品的销售渠道，也提高了农民的收入水平。

再次，乡村旅游亦成为黄河下游村落经济发展的新亮点。借助优美的自然风光和深厚的文化底蕴，村落开发出多种旅游项目，如农家乐、民宿和文化体验等旅游项目，吸引了大量游客前来观光、休闲和度假，进一步推动了当地服务业的发展，为农民提供了更多就业机会和收入来源。

最后，政府的支持在推动黄河下游村落经济发展中起到了关键作用。通过实施优惠政策、提供资金支持、加强基础设施建设等措施，政府为农村经济发展提供了坚实的保障。同时，政府还鼓励企业和社会组织参与，形成了政府、企业、社会共同参与的良好局面。

总之，黄河下游村落经济发展呈现出多元化、网络化、特色化和政策推动的特点。未来，随着乡村振兴战略的深入实施和市场需求的不断变化，黄河下游村落经济将继续保持强劲的发展势头，为农民带来更多的福祉和收益。

二、资源条件

资源禀赋对于乡村人居环境发展起着重要支撑作用，资源条件是乡村发展的基础，也是影响乡村人居环境的重要因素。良好的资源条件可以为乡村提供生态旅游、农业观光等发展机会，增加村民的收入来源，同时也为乡村人居环境的改善提供物质基础。

1. 自然资源对乡村人居环境的影响是多方面的

首先，区域自然资源可以提供生产生活资料，乡村人居环境中的建筑物、道路、水利设施等，都需要以土地、水等自然资源作为基础。丰富的自然资源能够为乡村提供更多的生产生活资料，提高乡村的经济发展水平和居民的生活质量。同时，区域自然资源可以维持生态平衡，自然资源如森林、湖泊、草地等，具有调节气候、保持水土、净化空气等生态功能，有助于维持乡村的生态平衡。这些自然资源的合理利用和保护，能够保障乡村居民的生活环境质量。其次，区域自然资源可以促进旅游业发展，独特的自然资源能够吸引游客前来乡村旅游，从而促进乡村旅游业的发展。乡村旅游不仅能够增加经济收入，还能够传播文化、保护传统，提升乡村的知名度和影响力。另外，独特的乡村资源可以塑造乡村特色，不同的乡村由于自然资源的差异，会形成各自独特的景观和风貌。这种特色是乡村文化的重要组成部分，也是乡村居民认同感和归属感的重要来源。

2. 土地资源是乡土村落赖以生存的基础

土地资源是营造行为发生的基本前提，同时也决定了其营造行为的可能性。由于受村落的职能因素的制约，土地资源，尤其耕地资源是农业发展重要的生产资料与生活保障，影响着乡村产业发展水平与家庭生活质量。有了丰富的土地资源，乡村居民才能有充足的农田来种植各种作物，满足自己的食物需求，同时也为乡村经济提供稳定的收入来源。

土地资源的合理利用对乡村生态环境至关重要。保持土地的生态平衡和可持续性利用，能够有效减少土地退化、水土流失等问题，进而维护乡村的生态稳定。同时，良好的土地利用方式还能促进生物多样性的保护，让乡村的自然环境更加美丽宜居。

土地资源的分配和管理会影响乡村社会的发展。合理的土地政策和制度，能够确保乡村居民享有公平的土地权益，促进农村经济的持续发展。而土地资源的滥用或不合理开发，则可能导致农村贫困和社会矛盾的加剧，不利于乡村社会的稳定与进步。

人均耕地或土地资源的人均占有量是评估村落发展潜力的关键指标。在平原地区，由于土地平坦且适宜精耕细作，乡村村落通常更为密集且规模较大；而在山区，耕作方式相对粗放，导致村落分布较为稀疏，规模也相应较小。但是随着一二三产业融合发展，越来越多的农民不再单纯依靠农业种植实现致富，因而人均耕地面积对于乡村人居环境质量影响并不显著。

3. 矿产资源的重要作用

矿产资源的开发可以带动乡村经济的发展。矿产资源往往是地方经济的重要支柱，通过开采和加工矿产资源，可以创造就业机会，提高居民收入，促进乡村经济的繁荣。矿产资源的开发利用促进了工商业的兴起，工商业的发展对村落建设起到十分重要的加速作用。工商业的蓬勃发展对于农村经济的提升具有显著作用。它不仅能深度加工当地资源，提升资源利用效率，而且能有效吸纳农村富余劳动力，推动农业剩余劳动力向非农业产业转移，进而增强农村经济的综合实力，提升农民的实际收入。转换剩余劳动力→发展非农业产业→非农产业地域集中→建设小城镇→实现乡村城镇化，是具有中国特色的农村村落及农村经济发展道路。

然而，矿产资源的开发也会对乡村人居环境产生负面影响。其中，环境污染是最直接的影响之一。矿产资源的开采和加工过程中，往往会产生大量的废气、废水和固体废弃物，这些污染物如果处理不当，就会对乡村的空气、水源和土壤造成污染，进而影响到居民的健康和生活质量。同时，矿产资源的开发还可能破坏乡村的生态环境。开采活动可能会破坏植被，改变地形地貌，导致水土流失、山体滑坡等自然灾害的发生。这些生态破坏不仅影响到乡村的景观和生态功能，还可能对居民的生产和生活带来安全隐患。另外，矿产资源的开发还可能对乡村社会结构产生影响。随着矿产资源的开发，外来人口和资金的流入可能改变乡村的人口结构和经济结构，从而影响到乡村社会的稳定和发展。

因此，在开发矿产资源的过程中，需要采取一系列措施来减少对乡村人居环境的负面影响。这包括加强环境监管，确保污染物得到有效处理；合理规划开采区域，避免对生态环境造成破坏；以及加强社会管理和服务，确保乡村社会的稳定和发展。

三、人口条件

人口对人居环境质量影响较大，丰富的人力资源能为乡村人居环境治理提供智力支持。一方面乡村经济发展与产业多元化的实现需要充足的劳动力供给，另一方面村民既是乡村人居环境整治的实施主体也是其受益者，充足的人力资源也反映出有更多村民参与到乡村公共事务，进而增强村民主体社会归属感，提升其参与当地人居环境建设工作的积极性。

1. 人口的数量、结构、素质均会对乡村人居环境产生影响

就数量来说，人口数量的增加会直接影响到乡村的土地利用和住房需求。随着人口的增多，乡村需要更多的土地用于居住和农业生产，这可能导致土地资源的过度开发和利用。同时，为了满足住房需求，可能导致建筑密度的增加，以及对住房条件改善的压力，这也需要合理规划和管理土地资源。人口结构方面，不同年龄段的人口可能有不同的生活需求和环境偏好，这可能影响乡村社区的发展方向和规划。例如，年轻人口较多的社区可能需要更多的教育和娱乐设施，而老年人口较多的社区则可能需要更多的医疗和休闲设施。人口素质方面，人口素质的高低直接影响到乡村人居环境的质量。较高素质的人口往往更积极地参与社区建设，更注重环境卫生和环保法规的遵守，这有助于提升乡村的整体环境质量和居民的生活品质。

2. 乡村人口的流入和流出也会对人居环境产生影响

当一个乡村社区吸引了大量外来人口，往往伴随而来的是住房短缺、交通拥堵等问题。而当乡村人口大量流出时，则可能会导致基础设施荒废、社区活力和凝聚力下降等问题。随着城市化的发展，大量乡村地区的人口流向城市，导致乡村人口减少，部分地区甚至会出现空心化现象。这种人口流动对乡村人居环境的影响是双重的：一方面，人口流出可能造成乡村基础设施和公共服务体系衰退；另一方面，城市扩张可能引发乡村土地资源减少和生态环境的破坏。

作为历史悠久的农业大国，我国农村经济的发展在社会整体发展中扮演着举足轻重的角色。改革开放初期，城市优先发展战略吸引了大量农村青壮年劳动力进城就业，极大地推动了城市化进程。然而，这种劳动力转移也带来了深刻的农村经济影响。劳动力的大量流失，使得农村主要由老人和儿童留守，他们在推动经济发展上能力有限，

进而滞后了农村经济的发展。在新时代背景下，必须重新审视农村经济发展的价值，加大新农村建设的投入。针对农村劳动力转移带来的挑战，我们需要客观分析其对农村经济的具体影响，并探索降低或消除其负面影响的有效方法，以实现农村经济的复苏与繁荣。

我国农村常住人口中未成年人和老人占比较大，从事农业的劳动力逐渐减少。为了追求更高的收入，许多农民选择外出务工，但他们的教育水平普遍较低，难以在城市中取得竞争优势。这造成了一个“两难”局面：一方面，农村劳动力外流威胁到农业的可持续发展；另一方面，进入城市的农民在就业、住房、医疗、教育和社会保障等方面面临诸多困境，生活艰难。

3. 人口向城市转移导致宅基地闲置，空心村现象严重

随着工业化和城市化的迅猛发展，大量农村人口选择迁往城市，以追求更好的职业机会和更优质的生活条件。这种趋势导致许多农村地区，特别是偏远和经济相对落后的地区，人口显著减少。理论上，城市化应伴随农村居民、住宅和占地面积的减少。但调查中却发现，有住宅占用耕地逐年增加的现象，而其中的很多占地都是因宅基地的废弃和住房闲置造成的，即空心村现象。

宅基地闲置和空心村的形成，与我国现行的农村土地制度和户籍制度紧密相连。宅基地作为农村集体所有的土地资源，旨在保障农民的居住权益。但受限于户籍制度，许多长期在城市工作生活的农民难以放弃农村户籍和宅基地，这使得他们陷入了城市与农村之间的“半城镇化”状态。这种状态下，他们既无法充分享受城市生活的便利，也难以对农村宅基地进行有效的管理和利用。一些地区的村庄规划和土地管理也存在不足，未能及时适应人口流动和城乡发展的变化。这进一步加剧了宅基地闲置和空心村现象的形成。

宅基地闲置和空心村现象对乡村人居环境产生了多方面的影响。一方面，闲置的宅基地不仅未能发挥土地资源的最大效用，还造成了宝贵资源的浪费。另一方面，空心村现象使农村社区人口结构失衡，

削弱了社区的活力和凝聚力，对乡村的可持续发展构成威胁。

为了解决这一问题，需要采取一系列措施。首先，加强农村土地制度改革和户籍制度改革，为农民提供更多的选择和保障，使他们能够更灵活地处理宅基地和户籍问题。其次，加强村庄规划和土地管理至关重要，通过合理规划和利用土地资源，减少浪费和闲置现象。同时，推动农村产业发展和基础设施建设，提升农村地区的吸引力，吸引更多人口回流和定居，为乡村的可持续发展注入新活力。

四、基础设施条件

基础设施是乡村发展的物质基础，是居民生活与经济社会活动不可或缺的基本条件，基础设施水平对乡村人居环境质量的影响特别明显。

1. 基础设施的完善直接关系到乡村生活的便利程度

良好的基础设施能够极大地方便乡村居民的日常生活，减少他们的时间成本和精力消耗。完善的交通网络缩短了村民与市场的距离，加快了出行速度，促进了农产品的流通和乡村旅游业的繁荣，增加了农民收入。交通设施的发展还加强了乡村与外界的联系，吸引了外来投资和人才，推动了乡村经济的整体发展。通信设施条件的改善让农民能够更便捷地获取外部信息，了解市场动态和技术进步，有助于提升他们的生产技能和生活质量。此外，新建的水电设施为农民提供了稳定、清洁的用水和电力供应，极大地提升了他们的生活质量，并为乡村的农业生产、加工和经营活动提供了有力保障。这些基础设施的完善共同促进了乡村的可持续发展。

2. 交通条件对村落形态、功能的形成有明显的导向作用

交通的发展是乡村聚落空间扩展和形态变化的重要驱动力。乡村聚落的分布形态与交通流量流向紧密相连，而交通线路的布局也会反过来影响乡村聚落的形态分布。村落的初期发展多沿着过境公路延伸，其中一些条带状村落便是基于单一方向的过境公路形成的；而团块状

村落则往往依托“十字”形过境公路发展。此外，区域性道路网络对宏观村落地域结构形态产生深远影响。因此，交通网络的建设与村落的兴衰紧密相连，共同塑造着乡村的景观和经济格局。

交通方式的改进、交通网线的建设以及交通基础设施建设的不断加快都会深刻影响周边乡村聚落的形态分布和空间格局的转型。例如，在一些地区，路网密布，多条主干路交叉，形成不规则网格状，村落的空间分布往往集中于路网周边，形成带状分布；而在丘陵或山地地区，道路可能呈现树枝状或交织状，村落则多靠近主干道或支路分布，形态上可能呈现中小规模的团带、团聚或者散点状。

交通条件的改善也会影响到村落的功能。交通的便利使得村落与外界的联系更加便利，促进了商品和信息的流通，进而推动乡村经济、文化等多方面的发展。例如，一些古村落通过保护和开发，利用便利的交通条件吸引游客前来观光旅游，不仅为当地居民提供了就业和创业的机会，也带动了当地旅游业和乡村经济的蓬勃发展。

3. 基础设施的完善能提升乡村的经济活力

交通基础设施的完善极大地促进了乡村旅游业的发展，为游客提供了便捷的观光和乡村文化体验条件，从而推动了乡村经济的增长。稳定的电力供应为乡村工业、农业生产和服务业提供了有力保障，而通信网络的普及则加速了信息的传播和交流，使得乡村地区能够更加顺畅地融入现代市场体系。此外，基础设施的完善还吸引了更多的投资和人才流向乡村。这些良好的基础设施条件降低了企业的运营成本，提高了生产效率，吸引了众多企业前来投资兴业。同时，乡村优美的环境和丰富的文化资源也吸引了众多人才前来工作和生活，为乡村的发展注入了新的活力和动力。

4. 基础设施的完善还能增强乡村的可持续发展能力

良好的基础设施对于保护乡村环境、推动乡村可持续发展至关重要。例如，完善的环保设施能减少乡村环境的污染，保护乡村的生态环境；而教育、医疗设施的改进则能提升乡村居民素质，增强乡村发展的内在动力。此外，水利基础设施的建设有助于保障农业生产和居民生活用水的安全，同时也能够改善乡村的水环境。通过科学合理的规划和建设，乡村地区的生态环境可以得到有效保护，为乡村的可持续发展提供坚实的基础。

5. 我国很多乡村地区的基础设施建设仍存在诸多问题

部分地区乡村基础设施面临的挑战不容忽视。普遍存在的投入不足、设施陈旧、服务水平不高等问题，不仅降低了乡村居民的生活质量，也阻碍了乡村经济的蓬勃发展。为了改善这一状况，加强基础设施建设和提升服务水平至关重要。

乡村地区经济发展相对滞后，资金来源有限，这使得基础设施建设面临巨大资金缺口。尽管政府加大了投入力度，但财政资金的稳定性问题仍待解决，影响了项目的持续性和稳定性。此外，部分地区乡村基础设施建设缺乏科学规划，导致资源浪费和建设效果不佳。例如，道路、供水和排水系统等基础设施与实际需求不匹配，难以满足居民的基本生活需求。同时，基础设施管理也存在混乱现象，如饮水安全、垃圾处理等问题突出，这不仅影响了设施的正常运行，也制约了乡村的可持续发展。更为严峻的是，部分乡村基础设施老化、损毁严重，且维修更新困难，导致设施使用寿命缩短，使用效率降低。而一些地区农村基础设施的维护工作不到位、不及时，进一步加剧了问题的严重性。

因此，需要从多方面入手，加大投入、科学规划、加强管理，以改善乡村基础设施现状，为乡村的可持续发展奠定坚实基础。

第二节　政治文化条件对乡村人居环境的影响

一、政策制度

政策制度对乡村人居环境的影响至关重要，是决定乡村人居环境改善的关键因素，在特定历史时期形成外在推力，决定着一定区域内村落空间的布局、扩散和发展。合理的政策制度可以激发乡村发展的活力，改善乡村人居环境，提高农民的生活质量。而不合理的政策制度可能会限制乡村的发展，加剧乡村人居环境的恶化。政府的农村发展政策、乡村振兴战略、环保政策等都会直接或间接地影响乡村人居环境的改善。例如，政府推动的美丽乡村建设、农村环境整治等项目，都会对乡村人居环境产生积极的影响。

1. 土地政策的制定直接关系到农民的土地权益和农村的发展

土地政策对乡村人居环境的影响深远且广泛。首先，土地政策直接影响乡村聚落的布局和形态。不同的土地政策会导致乡村聚落的规模、密度和分布方式发生变化。例如，如果土地政策鼓励集约利用土地，乡村聚落可能会更加紧凑，从而提高土地利用效率。反之，如果政策过于宽松，可能导致土地资源的浪费和乡村聚落的无序扩张。其次，土地政策会直接影响农民的土地权益和生计来源。合理的政策调整能够确保农民的权益得到保障，同时促进乡村经济的多元化发展，为乡村居民提供更多的就业机会和经济收入来源。例如，合理的土地政策通过土地改革、土地流转等方式，促进土地资源的有效利用，激发土地的活力，提高农村居民的生产生活水平，那么乡村人居环境就有可能得到改善。相反，如果土地政策不合理，农民的土地权益无法得到保障，那么乡村人居环境就可能恶化。然而，土地政策在实施过程中也可能存在一些问题和挑战。例如，政策执行不力、监管不到位等问题可能导致土地资源的滥用和浪费，对乡村人居环境造成负面影响。此外，土地政策调整过程中可能引发的社会矛盾和冲突也需要引起重视和妥善解决。因此，土地政策对乡村人居环境具有重要影响。在制定和实施土地政策时，需要充分考虑乡村聚落的实际情况和发展需求，确保政策的科学性和有效性。同时，还需要加强政策执行和监管力度，防止土地资源的滥用和浪费，为乡村人居环境的改善和提升提供有力保障。

2. 环保政策对于乡村人居环境的影响非常显著

环保政策有助于改善乡村的空气质量和水环境。通过限制污染排放、推广清洁能源以及加强污水处理和垃圾处理等措施，环保政策有助于减少乡村地区的污染物排放，改善大气和水体的质量。这不仅能够提高乡村居民的生活质量，还有助于保护乡村的生态环境和农业生产的可持续性。同时，环保政策促进了乡村地区的绿化和生态修复。政府通过实施退耕还林、生态补偿等政策，鼓励农民参与植树造林、水土保持等生态工程，有助于恢复乡村地区的生态功能，提高生态系统的稳定性和多样性。这不仅美化了乡村环境，还为乡村居民提供了更多的休闲和娱乐空间。此外，环保政策还推动了乡村地区的环境治理和基础设施建设。政府加大了对乡村环境治理的投入，改善了乡村的道路、供水、供电等基础设施条件。同时，通过推广农村生活污水处理、垃圾分类和资源化利用等技术，提高了乡村地区的环境卫生水平。这些措施有助于提升乡村的整体形象和吸引力，促进乡村经济的可持续发展。然而，环保政策在实施过程中也可能面临一些挑战和问题。例如，部分农民可能因为环保政策的实施而面临生计转型的困难；一些地区可能存在政策执行不力、监管不到位等问题，导致环保政策的效果不尽如人意。因此，在推进环保政策时，需要充分考虑乡村地区的实际情况和农民的利益诉求，确保政策的科学性和可行性。

3. 政府在乡村人居环境改善方面的政策导向和投资力度也是重要的影响因素

政府政策导向为乡村人居环境改善提供了明确的指导方向。政策导向通常关注乡村基础设施的完善、生态环境的保护、公共服务的提升以及乡村产业的发展等方面。通过制定和实施一系列相关政策，如提供农村住房补贴、农业贷款等，鼓励农民改善居住环境，也可以通过制定相关政策、提供财政支持、引导社会资本参与等方式来推动乡村人居环境的改善。再者，政府投资力度直接关系到乡村人居环境改善的效果和速度。政府通过加大资金投入，可以推动乡村基础设施建设、生态环境治理、公共服务设施建设等项目的实施。这些项目的建设不仅可以提升乡村居民的生活质量，还可以为乡村经济的发展提供有力支撑。同时，政府政策导向和投资力度还可以影响乡村居民的行为和观念。政策导向的倡导和资金的支持可以激发乡村居民参与人居环境改善的积极性，提高他们的环保意识和参与度。这有助于形成政府、社会和居民共同参与的良性互动，推动乡村人居环境的持续改善。然而，政府政策导向和投资力度在实施过程中也可能面临一些挑战和问题。例如，政策制定可能存在一定的滞后性，无法完全适应乡村人居环境改善的实际需求；投资可能存在一定的分散性，难以形成有效的合力；同时，政策执行和资金使用的监管也可能存在一定的难度。因此，为了充分发挥政府政策导向和投资力度对乡村人居环境的积极影响，需要不断加强政策制定的科学性和前瞻性，提高政策执行和资金使用的效率和透明度，同时加强监管和评估，确保政策的有效实施和资金的合理使用。

4. 乡村治理体系的完善程度直接影响乡村人居环境的建设

健全、有效的乡村治理体系可以为乡村人居环境的改善提供有力的保障和支持。首先，乡村治理体系有助于提升乡村人居环境的规划和管理水平。通过制定合理的规划和管理政策，乡村治理体系可以确保乡村建设的有序进行，避免无序扩张和乱搭乱建现象的发生。这有助于保护乡村的自然风貌和生态环境，提升乡村的整体形象和品质。其次，乡村治理体系还可以推动乡村环境保护和生态修复工作。通过加强环境监管和治理，推广生态农业和绿色生活方式，乡村治理体系有助于减少污染排放和生态破坏，保护乡村的生态环境和自然资源。这不仅可以提升乡村居民的生活质量，还可以为乡村的可持续发展奠定坚实的基础。此外，乡村治理体系还可以促进乡村社会的和谐稳定。通过加强村民自治、法治建设和社会管理，乡村治理体系可以化解矛盾纠纷，维护乡村社会的稳定和安全。这有助于为乡村人居环境的改善提供一个良好的社会环境。然而，乡村治理体系在实施过程中也可能面临一些挑战和问题，如政策执行不力、资源分配不均等。因此，需要不断完善和优化乡村治理体系，加强政策宣传和执行力度，确保各项措施能够得到有效落实。

二、文化传承

乡村文化是乡村居民共享的价值观念、风俗习惯、生活方式等，是乡村人居环境的重要组成部分，也是乡村居民的精神寄托。保护和传承乡村文化，有利于维护乡村的特色和魅力，促进乡村文化的繁荣，增强乡村居民的归属感和自豪感，从而促进乡村人居环境的可持续发展。

1. 文化传承对乡村人居环境具有深远的影响

乡村作为传统文化的重要载体，其人居环境不仅是一个物理空间，更是一个承载着历史记忆、文化传统和社会价值的文化空间。文化传承有助于提升乡村人居环境的文化内涵。乡村文化包括乡土建筑、民间艺术、风俗习惯、节庆活动等，这些元素共同构成了乡村独特的风貌和韵味。通过对这些文化的传承和弘扬，可以增强乡村居民的文化认同感，使他们更加珍视和热爱自己的家园，从而更加积极地投入人居环境改善中。同时，文化传承有助于推动乡村人居环境的可持续发展。在文化传承的过程中，乡村居民会传承和发扬先辈们的环保理念和生活智慧，如注重生态平衡、节约资源、保护自然等。这些理念和智慧有助于引导乡村居民形成健康、环保的生活方式，推动乡村人居环境的绿色发展和可持续发展。此外，文化传承还有助于促进乡村社会的和谐稳定。乡村文化中的道德规范、价值观念和人际交往方式等，都是乡村社会和谐稳定的重要保障。通过传承这些文化元素，可以培养乡村居民的道德情操和社会责任感，增强他们之间的凝聚力和向心力，从而有利于营造和谐、文明的乡村氛围，促进乡村社会的稳定和发展。

2. 乡村的建筑风格是文化传承的重要体现

传统的乡村建筑往往具有独特的地域特色和民族风格，这些建筑风格的形成与当地的历史、地理、文化等因素密切相关。在乡村人居环境的建设中，保持和发扬这种建筑风格，有利于塑造乡村的整体风貌，提升乡村的文化内涵。

如黄河下游民居对黄河文化的传承。黄河下游的民居，无疑是黄河文化传承的生动载体。这些乡村建筑，既是村民们日常生活的空间，也承载着黄河文化在这片土地上的深厚历史。它们与黄河流域的自然环境和谐共生，充分展示了黄河文化的独特魅力。在建筑材料的选择上，黄河下游的乡村建筑就地取材，以黄土为主要材料，巧妙地利用了黄土的特性，建造出坚固耐用的房屋。这种建筑方式不仅体现了与自然的和谐共生，也展现了黄河文化的实用主义精神。在建筑布局上，这些乡村建筑充分考虑了地形和气候因素，形成了四合院、三合院等多样化的形式。这种布局不仅适应了当地的气候条件，也体现了黄河文化对家族和社会结构的尊重。在建筑装饰和细节处理上，黄河下游的乡村建筑同样充满了文化元素。门窗的雕刻、墙面的彩绘、屋顶的装饰等都融入了黄河文化的精髓，展现了当地人民的审美情趣和艺术才华。这些装饰元素不仅美化了建筑外观，也传递了黄河文化的历史信息和价值观念。此外，黄河下游乡村建筑的空间规划和功能布局也体现了黄河文化的传承。院落、堂屋、厢房等空间的划分，体现了尊卑有序、长幼有别的传统观念。同时，这些建筑也是社交和仪式活动的中心，如婚丧嫁娶、节庆活动等都在这里举行，进一步强化了黄河文化的社会意义和文化内涵。总之，黄河下游乡村建筑不仅是黄河文化的物质载体，更是黄河文化精神内涵的生动体现。它们以独特的方式讲述着黄河的故事，传承着黄河文化的精髓，让人们能够感受到这片土地上深厚的文化底蕴和历史积淀。

三、社会观念

社会对于乡村的认知和观念也会影响乡村人居环境的发展。如果社会普遍重视农村发展，认为乡村有其独特的价值和发展潜力，这将有助于激发改善乡村人居环境的动力。反之，如果社会普遍忽视乡村，认为乡村是落后的、没有发展前景的，这将阻碍乡村人居环境的改善。

1. 城市化进程

城市化进程对乡村人居环境带来了显著的双重影响，即机遇与挑战并存。机遇方面，城市化显著推动了乡村经济的转型与升级。传统的农业产业逐渐向现代农业、乡村旅游及农产品加工等多元化方向转变，为乡村居民提供了更丰富的就业选择和更高的经济收益，显著提升了他们的生活质量。同时，城市化的推动也加速了乡村基础设施的建设和完善，如交通、供水、供电和通信条件等，这些设施的改善为乡村的全面发展奠定了坚实基础。然而，挑战亦不可忽视。首先，城市化导致的人口流动加剧了乡村的人口空心化现象，削弱了乡村社区的社会结构和文化传承。其次，城市化进程中对自然资源的过度开发和不当利用，如土地滥用和水资源污染，对乡村生态环境造成了严重威胁。最后，乡村的文化特色和文化遗产在城市化冲击下可能面临丧失的风险，许多传统村落和建筑被遗弃或破坏，民俗文化逐渐淡化或被同化。为了应对城市化进程对乡村人居环境带来的挑战，需要采取一系列措施。首先，加强乡村规划和管理，确保乡村地区的可持续发展。其次，促进城乡融合发展，实现资源共享和优势互补。同时，加大对乡村地区的环境保护和生态修复力度，维护乡村地区的生态平衡和美丽景观。最后，注重保护和传承乡村地区的文化遗产，弘扬乡村文化的独特价值。

2. 现代化观念

现代社会的发展使人们更加倾向于追求现代化的生活方式和居住环境，对传统的乡村人居环境提出了新的挑战。随着现代化进程的推进，乡村地区也逐渐受到现代化观念的影响，这种影响体现在村落的多个方面。首先，经济结构和生活方式方面，现代化观念已促使乡村从传统的农业主导逐渐转型。工业化、城市化的浪潮使得乡村地区开始发展新兴产业，如工业、服务业等，这不仅吸引了更多人口流入，还改变了村落的规模和形态。乡村居民的生活水平因此得以提升，生活质量也显著改善。其次，在村落的建筑风格和空间布局上，现代化观念也产生了显著影响。传统的乡村建筑追求与自然的和谐共生，而现代观念则更加关注建筑的实用性和美观性。乡村地区开始采用现代设计理念和建筑材料，使得建筑风格更加多样化、现代化。同时，合理的规划和优化的空间布局也提高了土地利用效率。此外，现代化观念还深刻影响了乡村聚落的社会结构和人际关系。传统的宗族制度、家族观念在现代化进程中逐渐淡化，而现代化的社会制度和价值观念则日益普及。这导致乡村社会结构更加开放、多元化，人际关系也变得更加复杂和多样化。

3. 旅游开发观念

乡村旅游的蓬勃发展无疑为乡村经济注入了新的活力，然而，在这一过程中，对乡村人居环境的影响也不容忽视。部分地区为了迎合旅游市场的需求，过度改造传统建筑和村落，这不仅破坏了乡村的原始风貌，更对乡村的传统文化造成了冲击。如何在促进乡村旅游发展的同时，保护好乡村的原始风貌和传统文化，成为亟待解决的问题。

4. 环保观念

随着环境保护意识的提高，人们越来越重视对自然环境的保护和生态平衡的维护。这促使乡村居民更加注重生态环境的保护，积极采取生态友好的生产方式和生活方式，推动乡村人居环境的可持续发展。

总之，社会观念对乡村人居环境的影响是复杂多样的。随着时代的变迁，社会观念不断更新和演变，乡村人居环境也在这种变化中不断调整和发展。在推动乡村人居环境改善的过程中，需要积极引导和培育健康的社会观念，尊重传统文化的价值，注重生态环境保护，推动乡村经济社会的健康发展。通过加强宣传教育、推广环保理念、弘扬传统文化等方式，引导乡村居民树立正确的价值观和生活方式，加强对传统建筑和村落的保护和修缮，促进乡村人居环境的可持续发展。

同时，还需要加强政策支持和资金投入，为乡村人居环境的改善提供有力的保障和支持。

四、军事防卫

战争具有毁灭性的力量，能够摧毁村落，改变其形态和结构。历史上的两次世界大战以及其他冲突，都导致了大量乡村村落的毁灭。例如，我国客家土楼和广东开平的碉楼，其独特的结构形态就深受防卫需求的影响。

客家土楼是出于族群安全而采取的一种自卫式的居住样式。在当时倭寇入侵、年年内战的情况下，要选择一种既有利于家族团结，又能防御战争的建筑样式。于是，同一个祖先的子孙们在一幢土楼里形成一个独立的社会，共存亡，共荣辱。客家土楼的结构设计非常坚固。墙体采用夯土技术建造，厚实且坚固，能够有效抵御外敌的入侵。同时，土楼内部的房间布局合理，设有公共楼梯和通廊，方便居民在紧急情况下进行疏散和防御。在选址和布局方面，客家土楼也充分考虑了安全防卫的需要。土楼一般选址在地势较高、视野开阔的地方，这样可以便于观察四周环境，及时发现潜在的威胁。同时，土楼周围通常有河流或溪流环绕，形成了天然的防御屏障。此外，土楼的大门设计坚固，门板厚重，能够有效抵御外敌的冲撞，土楼内部还设有瞭望孔和射击孔，方便居民在紧急情况下进行观察和反击。另外，客家土楼的安全防卫性还体现在其居民的团结和互助精神上。在面临威胁时，土楼的居民能够迅速组织起来，共同抵御外敌的入侵。这种团结互助的精神也是客家土楼安全防卫性得以发挥的重要因素之一。

开平碉楼之所以具备强大的防卫性，这主要源于其深厚的历史背景和特定的地理环境。开平市，地处清代初期的低洼地带，河网密布，且位于四县交界，地理位置相对偏远，发展相对滞后。由于水利设施年久失修，洪涝灾害频发，同时土匪侵扰不断，社会治安状况堪忧。为了应对这些挑战，当地居民选择建造碉楼，以此作为自我保护的坚固堡垒。碉楼以其独特的建筑风格展现出了强大的防御性能。它们大多设计为多层建筑，高耸入云，远超过普通民居，这种高度优势使得碉楼居民能够居高临下，有效监控并防御外部威胁。碉楼的门窗设计精巧，窄小且坚固，墙身厚重，墙体上巧妙地设有枪眼，为居民提供了安全的射击环境。顶层常设有瞭望台，配备有先进的防卫装备，如枪械、发电机、警报器等，为居民提供了全面的防御手段。在紧急情况下，碉楼成为居民的避难所。楼内储存了大量的粮食，一旦有土匪或其他威胁出现，居民可以迅速躲进碉楼，依靠其强大的防御能力，使入侵者无功而返。因此，碉楼不仅是居民的住所，更是他们安全的堡垒，是他们抵御外界威胁的重要防线。这种特殊的防御功能使得开平碉楼在中国建筑史上独树一帜，也为这个地区赋予了独特的文化特色。碉楼的存在，不仅反映了当地居民的智慧和勇气，也展现了他们对家园的深深热爱和坚定守护。

第五章

乡村居民行为分析

第一节　乡村居民空间行为分析

随着城镇化的快速发展，乡村居民与外界的交往日益密切，他们的居住空间、消费空间、就业空间及交往空间急剧膨胀。以货币最大化为目标取向的乡村居民越来越深地卷入社会化大生产中。农户家庭中从事纯农业的人越来越少，兼业农户越来越多；非农收入占家庭收入的比重越来越高；打工经济和非农生产经营成为农户收入的主要来源。越来越多的农户选择离开土地、离开家乡、离开传统农业，寻找更广阔的居住和就业机会。这种趋势使得农户的消费和交往空间不再局限于传统的村落范围，而是呈现出急剧扩张的趋势，涵盖了更广泛的地域和社会网络。这种变化反映了农业现代化的必然趋势，同时也对农户的生活方式、社会关系和经济发展产生了深远的影响。

一、乡村居民居住空间行为分析

20 世纪 80 年代，中国农村经济体制改革重新确立了农户独立的社会地位，具有独立核算和经营自主权。农户获得了较为自由的行为空间。随着市场经济的发展和生活水平的提高，农户的居住空间行为发生了前所未有的改变，个性化和多样化的居住空间需求增加，农村居住空间外围扩展趋势明显。农户居住空间行为变迁的过程是在压力和引力两种力量共同作用下实现的。

1. 农户的压力主要来源于个体需求和客观需要

许多农户内心深处将生活优渥的象征与建造新房紧密相连，部分农户尤为关注房屋的外观展示，忽视了自身的经济承受能力，陷入了盲目比拼房屋规模与装饰的误区。由于原居住地难以满足其彰显社会地位的心理需求，多数农户倾向于在村庄边缘地带建造新居。此外，农户中普遍存在的迷信观念也是影响建房决策的重要因素。他们深信地基承载着祖先的福祉，不可轻易触动，以免破坏家族“风水”，因此坚决抵制他人侵占自家地基的行为，即便是希望迁入此地的农户也不得不另寻他处。同时，多数人还秉持着“树挪死，人挪活”古训，认为迁居能够摆脱旧居的“霉运”，为家庭带来更好的运势。这些观念在一定程度上左右了农户的建房选择与居住布局。

2. 农户迁居的客观原因主要有家庭因素、居住环境因素和住房质量因素等

随着第二代农民工的成长，家庭结构趋于小型化，分家现象普遍，原有居住地因空间局限难以满足新兴家庭的需求，促使多数农户选择在新宅基地上建造住宅。对于未婚青年而言，拥有新房甚至成为婚姻市场的先决条件，这进一步加剧了农户即便背负债务也要建造宽敞住宅的趋势。受限于原居住地邻里间的空间限制，这些农户更倾向于在村庄外围的开阔地带建造新居。同时，居住环境的恶化成为推动农户迁居的重要因素之一。农户对居住环境的满意度直接反映了其期望与现实之间的差距，对现状不满的农户展现出更强的迁居意愿，倾向于离开原居住地。此外，居住密度过高及住房质量不佳也是促使农户寻求居住空间变迁的动因，他们希望通过迁居来改善生活品质，满足对更好居住条件的追求。

3. 农户居住空间迁移的引力因素是指吸引农户迁居的各种因素

这些影响农户居住空间变动的因素涵盖了主观、客观及制度层面。首要的是经济条件的改善，特别是收入的增加，为农户的居住迁移提供了物质基础。随着市场经济的深化和城市化步伐的加快，农户的就业领域逐渐拓宽至非农行业，收入来源更加丰富多元。统计数据表明，农户的主要收入来源包括打工、种植与养殖，而住房建设则是其重要支出之一，仅次于日常开销与教育投资。进一步分析显示，收入水平不同的农户在居住迁移意愿上存在差异，中高收入群体表现出更强的迁移意愿与更广泛的迁移能力。在主观层面，农户对精神生活的追求成为推动居住迁移的内在动力。新居往往能够满足农户对居住空间多样性和个性化的需求，让他们有机会根据自己的喜好设计房屋结构与装修风格，这些个性化的表达不仅彰显了主人的身份与地位，还满足了其社会比较与自我认同的心理需求。

4. 管理制度的缺失大大促进了农户居住空间迁移的愿望

农村土地管理的政府缺位和宅基地的低成本使农户迁移的成本降到最低。从经济学的角度来看，农户迁移决策是在一定收入预算约束条件下作出的选择。假设农户的收入只用来购买地基和其他物品（见图 5 -1），在政府土地管理到位和宅基地正常地价的情况下，预算线为 AB，农户消费宅基地面积为 l_1。而实际上，在农村土地管理过程中，农户具有较强的信息优势，当他预计政府监管成本较大或者政府监管力度较小时，农户倾向占用更大的宅基地。而且农村土地属于集体所有，仅仅需支付少量的使用费，更是刺激了农户占用更多的宅基地，这样预算线也由 AB 移至 AC，农户消费宅基地的面积为 $l_2(l_1 < l_2)$，在消费同等其他物品的情况下，农户只需支付少量成本就可消费更多的宅基地。而且农村普遍缺乏乡村规划，农户迁居的自由度非常大，各村庄均表现出粗放发展的势头。由于缺乏乡村规划制约，造成新建宅基地审批和建设的盲目性和随意性较强，一些农户甚至占用了基本农田。

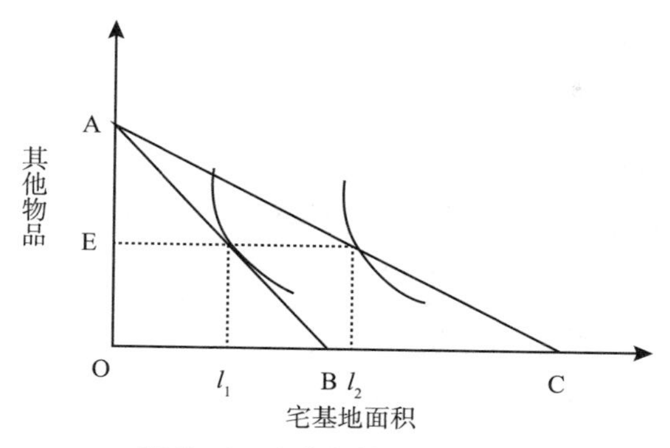

图 5－1　农户宅基地消费曲线

资料来源：《农户空间行为变迁与乡村人居环境优化研究》（李伯华，2014），有改动。

5. 区位优势是吸引农户迁移的重要因素之一

农户在决定是否迁移时，会综合考虑迁移所需成本与预期收益，只有当预期收益超越成本时，迁移行为才会实际发生。区域优势在其中扮演了关键角色，它不仅有助于降低通勤成本，提升出行便利性，还增加了农户获取经济收益的机会。因此，农户更倾向于选择靠近人流密集、交通便捷的区域作为迁移目的地，以便能够就近开展小规模商业活动。此外，新居地的人居环境相较于旧居地通常会有显著改善，如居住空间更为宽敞、空气质量更佳、交通网络更为完善等，这些都能为农户带来更为丰富的生活体验和更高的生活质量。因此，新居地所展现出的优越人居环境也成为了吸引农户迁移的重要因素之一。

农户居住空间行为演化的过程模型是探讨在一定作用力下农户居住位置的迁移规律。目前的学术研究中，交通对城市空间结构影响的分析较多（李文翎，2007；周素红和闫小培，2005），在城市交通理论的启发下（Hanson，1995），认为（李伯华，2014）农户居住空间行为演变大致经过六个阶段：

第一阶段：家族血缘主导。在原始时期，村落保持封闭状态，农户居住深受家族与血缘关系的影响，居住密度与人口自然增长，中心化趋势显现，体现了传统的社会结构与居住模式。

第二阶段：空心化显现。随着人口增长与家庭结构细化，居住空间承受压力，住宅老化与环境恶化问题浮现。同时，城市化浪潮冲击下，农户观念与收入结构变化，先富群体引领村外建房潮流，加剧了村庄核心区的荒废与空心化现象。

第三阶段：道路引导居住。面对居住空间的无序扩张与环境恶化，农户迁居意愿增强。城市化进程中，非农就业兴起，个性化、多样化居住需求促使农户沿村道建房，形成道路依附的初步格局，同时加剧了村落内部的空心化。

第四阶段：节点聚集效应。道路建设深化，交通节点尤其是十字路口成为人口与商业活动的聚集地，非农产业进一步发展，道路两旁居住与经营交织，村落空心化现象在此区域尤为显著。

第五阶段：道路依附晚期。道路网络更加完善，农户产业结构多元化，兼业与非农就业比例上升，生活品质与环境追求成为新趋势。沿路建房用于居住或出租成为常态，原村落逐渐失去活力，部分甚至面临消亡危机。

第六阶段：网络化重构。随着交通网络系统的全面形成，农户居住空间行为趋于稳定，村镇布局迎来新一轮调整，形成以道路为骨架、功能分区明确的新型乡村住区系统，标志着乡村居住空间变迁进入网络化、系统化的成熟阶段。

当然，上述分析构建了一个理想化的农户居住空间行为变迁模型，而实际情境中，农户的居住选择可能因多种因素偏离预期时序，展现出“跳跃式”发展。例如，新农村建设的加速推进及交通条件的显著改善，可能促使部分农户直接跨越某些阶段，实现居住环境的快速升级。此外，外部力量的干预，如政府规划下的强制性迁居措施，也可能扭曲农户的自然居住空间行为轨迹，尤其是在城乡接合部区域。鉴于农户居住空间行为演变的复杂性与动态性，从特定时间点审视其变迁轨迹常显纷繁复杂。因此，对农户居住空间行为的演化过程进行适度的简化和抽象化处理，有助于我们更清晰地把握其内在规律与主要趋势，为相关政策制定与实施提供有力支撑。

农户居住空间演变的直接结果是传统村庄聚落形态很快在这种空间需求和空间行为的影响下失去平衡，村庄的外围不断扩张，内部却不断萎缩。许多村庄内部有荒废、倒塌的老房子和无人居住的旧房子，村庄外围大多是毫无规划的新房子。村庄建设的无序化和空心化趋势明显。一些先富起来的农户有相对自由的选择空间的权利，他们有着相同的居住空间偏好，自然地就形成了一个松散的小团体。而处于社会最底层的农户也因有着相似的经历很容易走到一块。城市化进程中的农户居住空间行为将乡村社会进一步的分离，社会阶层分化趋势明显。

二、乡村居民消费空间行为分析

1. 消费空间扩张

农户的消费空间由单一空间向多元空间转换。传统的农户消费活动基本上局限于“基层市场”，很少与外界发生联系，农户消费空间具有严格的纵向性，即农户首先在基层市场消费，当基层市场不能满足消费时，农户才会选择中间市场，甚至中心市场。在计划经济时期，基层市场几乎消失，合作社和国营公司成为主导，农户的消费空间相对简单。然而，随着市场经济的兴起和深入发展，农户的生产、生活与消费正逐步融入社会化和市场化的洪流中。传统的自给自足模式逐渐被市场机制所打破，市场为农户提供了更为广阔的消费空间。为了获得更优惠的价格和商品信息，以及更好地销售农产品，农户们需要亲自进入市场进行搜索和体验。随着农村交通条件的改善，农户的市场可达性得到了显著提升，使他们能够依据自身的产品特点和需求，寻找最合适的消费市场。因此，农户的消费空间正呈现出多元化的特点，并遵循一定的空间结构规律。

2. 农户消费空间距离与消费频率一般呈反比率关系

农户消费频率最高的商品通常是日常用品（如油、盐、酱、醋之类），消费的市场等级较低，类似于施坚雅所指的小市或基层市场，出行距离相对较近。消费频率较低的商品一般分布在商业中心地，农户的消费出行距离较远。通过观察和调查我们不仅可以总结出农户消费的空间结构模式，还可以总结出农户消费不同商品的市场等级结构模型，进一步总结出农户多元化的消费空间规律。

3. 农户消费空间结构模式的演变

改革开放前，农户的消费空间基本上局限于各生产大队的合作社及生产门市部，这些国营商店基本上能够满足人们的日常生活生产需要。农户的消费空间是以国营商店为中心，以生产大队的行政版图为边界的单一空间。当然，这不是农户消费空间的全部，偶尔农户也会到高一级的市场消费，只是消费频率很低，几乎可以忽略不计。改革开放后，农户获得较为自由的行为空间，消费空间欲望增强。同时，农户收入的提高，消费水平随之提高，增加了消费空间扩张的可能性。农户消费空间距离延伸的同时，消费空间的市场等级不断提高，消费频率下降。

4. 农户消费空间行为扩张与市场体系的完善紧密相连

人民公社时期，人为的行政体系变动、乡镇的频繁调整及计划经济的实行，使传统的市场体系遭到人为的分割，基层市场大量消除，延续了多少个世纪没有中断的在成千上万个市场循环的传统集市周期突然停顿了（施坚雅，1998）。人们只能在有限的国营商店和合作社购买有限的物品。消费欲望和消费空间被严格地限制在人民公社的行政管辖范围内。改革开放后，市场经济地位的确立，重新激活了传统集市，并迅速地完成了市场等级体系的重构。根据中心地理论，商业的空间布局具有普遍的中心性和等级性。一般而言，较低级的商品或需求弹性较小的商品其空间分布更接近于农户生活中心，商品供应的市场等级较低。而需求弹性较大的商品一般集中在市场等级较高的区域。由不同商品组成的商品谱系呈现出明显的圈层结构，并与中心地的等级结构基本对称。因此，农户出行消费的空间结构也表现出圈层结构和等级结构。如果用油、盐、酱、醋类，以及日常生活用品类、衣服服饰类和大型家用电器或农具类商品分别代表由低到高不同等级的商品，那么，可以清晰地看到农户出行消费的空间规律。商品等级越低，出行的空间距离越近，商品市场等级越低，基本符合中心地理论的规模等级关系。

实际上，对于大部分农户来讲，县城基本上是农户消费的一级中心地，乡镇驻地是二级中心地，村庄集市是基层市场，村庄杂货店是最底层零售市场。当然，这种市场等级结构的划分不能概括所有农村地区的特征，因为有的县市乡镇已经和县城的市场等级级别相当，这里只是一种理想的划分。农户消费空间行为的扩张不仅体现在距离的扩张上，而且还具有等级特征，多元化的消费空间结构实质上是农户消费行为的空间扩张和等级扩张的综合模式。

在快速的城市化进程中，农户的消费空间迅速扩张有可能改变原来村镇布局体系中各节点的作用和等级，特别是随着农村交通条件的改善，一些传统的集市有可能会萧条，一些小的驿站也有可能会繁荣。农户的消费空间结构由蜂窝结构转化为网络结构，这些变化了的空间结构需要有一个合理的、有前瞻性的村镇布局体系作为载体，维护消费空间的平衡。此外，农户为了节约劳动时间，提高劳动收益，往往在有限的生产活动空间内大量使用农药、化肥和地膜，致使土壤板结、农产品不安全及湖塘污染。农户将就业地的一些消费品带回农村，客观上也造成了不少垃圾污染。

三、乡村居民就业空间行为分析

1. 就业空间扩张

劳动力转移的空间路径选择。政治体制的改革赋予了农户自主经营权，使他们能够根据自身家庭情况灵活安排农业生产。在这种背景下，农户对技术、功效和工期的合理安排越发重视。然而，随着生产技术的进步和新产品的应用，农村田间劳动力需求逐渐减少，导致大量剩余劳动力集中在有限的土地上，形成改革开放后新的矛盾。为了寻找外部资源以增加总收入，农户们不得不转向各种非农业领域就业。这些就业模式主要包括村域就业、城镇就业和迁移就业。尽管迁移就业是许多农户的期望，但“候鸟式”的就业模式仍然是主流选择。无论哪种模式，都意味着农户开始走出封闭的村落，迎接更广阔、陌生的新世界。农户在就业选择时，对距离的考量逐渐减少，尤其是年轻农户，跨区域就业已成为常态。劳动力成为小农扩展空间的关键，转移成为扩展空间的途径。随着农户素质的提升和社会分工的深化，农户就业的空间距离摩擦将逐渐减小，甚至出国就业也成为可能。这些变化共同预示着农户就业空间将持续扩展。

2. “候鸟式”——农户居住和就业的空间分离的就业模式影响因素分析

首先，国家制度因素。例如，由计划经济时代延续下来的户籍管理制度实际上是一种二元分割制度。户籍带有深深的身份烙印，城市户口和农村户口之间存在着等级差异性，享受的待遇明显不同。户籍阻碍了城乡交流，限制了农户就业和居住区位选择的自由。即使在市场经济日益发达的今天，户口仍然是阻碍农户进城的重要障碍，因此多数农户不得不选择在城市工作，在农村居住。其次，市场因素。企业区位选择影响农户的就业空间选择。尽管农村地区有丰富的廉价劳动力，但大多数企业仍然看重企业的市场区位、交通成本和产业集聚效应，选择在城市工业区或城市郊区，而不是农村地区。因此，农户几乎是别无选择。最后，农户的个人因素。由于城乡社会环境的巨大差异，城市务工农户很难融入城市的主流文化中，这部分群体对未来的预期具有强烈的不确定性，加上农村土地的稀缺性和生活保障功能等因素，这部分群体对农村普遍怀有深深的乡土情结和归属感。

“候鸟式”的就业模式根据劳动力转移方式的不同可以分为两种情况。一种是在家从事非农业生产，白天上班，晚上回家。村庄附近的小型企业一般是他们的首选，一方面可以从事非农业生产，赚取生活费用；另一方面可以兼顾农业生产，保障基本生活。这种劳动力转移方式的特点是就业空间距离较小，基本上是步行或使用小型机动车（自行车或摩托车）。因此，农户的居住地、就业场所、工作时间、交通方式及通勤时间决定了该种劳动力转移模式的行为空间特点。另一种是农户跨区就业。工作和原居住空间完全分离，农户的行为空间取决于就业与原居住地的空间成本、单位的工作制度和个人能力。如果农户的就业地点离家较近，交通成本较低，而就业单位的工作时间较灵活，那么只要个人愿意，农户就可以与家庭保持较密切的联系，甚至农忙的时候，都可以回家帮忙。这部分农户的空间行为较频繁，城乡信息交流的机会较多，对城市文化的空间扩散有较大影响，他们游离于城市和乡村之间，集两种不同文化于一身，所表现出的成熟与不成熟的行为均推动了乡村人居环境的演化。

3. 农户就业空间扩张带动环境剧变，城市化文明影响下农户行为方式或显著变化

一方面，传统乡村陋习在城市化文明的熏陶下将有所改观，生活方式和处世观会进一步“城市化”。城市宽敞明亮的房屋、丰富多彩的文化生活、设备齐全的生活设施成为进城农户梦寐以求的追求对象，如有可能他们会将城市看到的部分“复制”到乡村。另一方面，农户就业空间的广泛拓展，实则是对农村传统观念的冲击，伴随而来的人文环境变迁不容忽视。尤其对于新一代青年农户而言，他们的价值观正悄然受城市生活经验的影响，这一趋势需要我们审慎观察与引导。

四、乡村居民社会交往空间行为分析

社会交往空间的拓展与农户社会关系网络的重新编织，是现代化浪潮中不可忽视的社会现象。农户的社交活动自带流动属性与空间印记，其核心根植于家庭，并逐步向外延伸，构建起与其社会地位相契合的社交领域与人际网络。这一网络层次分明，每一层都细腻勾勒出交往对象的多元、内容的丰富、距离的远近及互动的频度。随着社会的日新月异，农户的交往疆域持续拓宽，传统社会关系网络经历着深

刻的转型与重塑。这一过程不仅极大地丰富了农户的社交图景，拓宽了信息获取的渠道，还加强了他们与社会各界的沟通与融合，促进了社会的整体进步与和谐。

1. 家庭空间是农户日常交往的基本空间

家庭成员的寝食起居和一些简单的家庭生产活动都发生在此空间，这一空间是农户交往最频繁、交往最安全、距离感最近的交往空间，交往大多数是出于心理和安全的需要。

2. 邻里空间也是农户生产生活最重要的空间区域之一

农户交往次数仅次于家庭空间，就农户而言，邻里空间主要局限于居住地周边社区空间范围内（如一些自然村落），邻里空间一般是以血缘关系组成的族群，彼此较为亲密，农户的交往以血缘关系、人情关系为纽带，交往内容涉及生产生活的方方面面，邻里不仅可以作为居住单位，还可以作为社会传统集中地域不稳定社会内的安全地带（沃姆斯利和刘易斯，1988）。农户彼此有较强的社区认同感，因此邻里空间和家庭空间共同构成农户社会交往的基本空间。

3. 第三层次的交往空间区域是村镇

农户社会交往的对象主要是亲戚朋友和商品交易对象。在这个社会交往空间内，农户交往的对象大多是熟人，至少是有过一面之缘的人，农户社会交往基本上是在熟人社会中进行的。此时的社会交往内容除了礼节性的拜访外，经济活动也是农户交往的主要目的，只是这种经济活动的空间区域和交易对象基本上是熟人，由经济关系组成的交往纽带成为该交往空间的组成部分。

4. 城市是农户交往空间的第四层

由于在该空间区域内农户活动的机会较少，文化差异较大，农户在该空间区域的社会交往较少。农户在一个陌生的环境中交往对象几乎都是陌生人，在经过城市的“排挤”和“歧视”后，农户往往趋向和一些背景相同、身份相当的同类群体交往，尽管他们都是陌生人，但客观上还是拓展了农户的交往空间。在缺乏血缘关系和亲情关爱的交际圈子内，经济利益成为人们交往的纽带。

5. 第五层是国家层面

农户的社会交往空间很少也很难达到该层次，只是偶尔可能涉及国家层面，如农户创造性的活动或者社会影响很大的行为需要国家的干预，交往才可能形成。尽管农户的社会交往空间呈现一定的层次性，但层次结构并不是一成不变的，随着社会经济的发展，人们的交往能力增强，交往空间扩张较快，交往的形式和内容都会发生变化。

五、农户的社会交往空间呈现出新的特点

1. 农户社交模式的演变与内容的革新

随着市场经济主导地位的确立，人们的日常生产生活卷入市场化体系之中，人们从封闭的熟人社会走向开放的陌生人社会，从孤立的内部交往空间走向相互联系的外部交往空间。在一个陌生环境中，人们的交往方式存在很大的差异。在传统的乡村，人们世袭延续下来的交往方式成为人们社会交往的准则，人们在不同的“差序格局”中总能找到属于自己的位置，过着有序而和谐的生活。而市场经济的渗入冲击了传统乡村的价值观念，人们越来越注重经济利益的获得，经济能力成为评价人们的主要标准，传统的“差序格局”被迅速打破，乡村传统权威势力弱化，新型的富裕农户成为人们争相交往的新势力。人们交往过程中不再以互助互惠的方式进行，而是以货币交易、合同契约等多种方式进行。传统基于血缘、家族与亲戚的社会网络结构正经历淡化，取而代之的是以社会经济联系为基石的新型关系网，业缘关系日益凸显，成为人际交往中的核心要素，人们围绕各自的专业领域与生产经营活动，重新编织起紧密的社会交往网络。农户的交易对象和交易范围不断扩大，农户的生产活动不再是主要满足自身的需要，更多的是进行社会化生产。市场交易不再局限在本村，而是各地集市，社会网络关系进一步延伸。

2. 农户社会交往空间层次的拓展

人们的社会交往空间结构是随社会经济结构的变迁而不断变化的。

传统的农户由于土地的不可移动性和缺乏频繁的经济交换活动，其社会交往空间十分有限，基本上局限于熟人社会空间，村镇一级的空间范围可能是农户交往空间的全部。市场化取向的改革促进了农户就业空间和交换空间的扩大，也使以经济利益为内容的社会交往空间不断延伸至广阔的场域。随着农户外部生存环境的改善（如户籍制度的弱化、农村交通和通信条件的改善、农户就业领域的扩张等），农户社会交往的对象由主要是熟人变为主要是陌生人，社会交往的物理空间也日益扩大。可以说正是市场经济这只“无形的手”不断要求农户拓展社会交往的空间，“流动能够打破产品交换的时间、空间和个人的限制”（中共中央马克思恩格斯列宁斯大林著作编译局，1994），使得农户交往空间的边界延伸得更远。

尽管在农户传统的交往空间范围内传统的交往形式和交往内容还具有很强的生命力，但不可否认的是农户社会交往中的传统交往形式和准则越来越受到严峻的挑战，以经济利益为纽带的社会交往空间迅速延伸。如果说传统社会中在村镇一级的交往空间内经济活动已经成为人们交往的主要载体，那么如今在邻里空间范围内，以经济活动为载体的社会交往已经出现。传统社会的邻里交往空间几乎是市场交易的禁区，人们的社会交往是以礼制、道德和非货币的形式为基础的，谈“钱”被认为是关系疏远的象征，很难在社会交往中生存。如今市场意识已经深入人心，以经济利益为纽带的社会交往开始渗透到农户的基本交往空间内，社会交往向内深化的过程实质上是市场化农户的交往行为向内渗透的过程。

3. 农户的社会交往空间也不断延伸和深化

社会交往空间的广泛拓展，一方面让农户遭遇诸多未知与挑战，考验着他们的心理调适能力、传统习俗的坚守以及知识结构的更新；另一方面这一变化也为传统乡村社会带来了深远的影响，促使其逐步适应并融入更广阔的社会环境之中。自从跳出目光所及的村落那一刻起，农户就不得不面对各种各样的挑战，而这些挑战对农户的价值观念和行为影响非常大，当他们把这些“新”的价值观念和行为作用于乡村的时候，乡村传统文化和景观将不可避免地受到影响。在陌生的城市里，传统的社会关系网络被打破，新的社会交往网络需要重新构建。城市的快节奏与某些冷漠现象的出现，加之社会地位差异带来的微妙隔阂，让农户们感到乡村那份温情的人文关怀似乎渐行渐远。与此同时，随着时代的变迁，新的思潮和价值观念如潮水般涌入乡村，为农户们打开了通往更广阔世界的大门。虽然拜金主义和唯利是图的观念在一定程度上影响了部分农户的思维方式，让他们更加注重资本的积累以寻求社会的认可和尊重；但更多的农户开始意识到，真正的尊重和认可源自内心的善良、勤劳与诚信。在这种新旧价值观的碰撞中，农户们确实面临着选择。一些人在追求个人利益的过程中，可能不自觉地挑战了传统文化的底线，并将新的价值观带到了乡村的每一个角落。但这也激发了乡村社会的自我反思与调整能力，许多传统的利他文化、公平原则、诚实守信的理念，在经历挑战后，反而更加凸显出其不可替代的价值。

4. 社会交往空间激发了农户对生活质量的追求

随着社会交往空间的扩张，农户越来越深刻地感觉到乡村的“土”和城市的“靓”。尽管他们心中怀揣着融入城市生活的梦想，但多数农户最终仍选择回归乡土。他们尝试将城市的生活风尚、居住模式及建筑风格引入乡村，以弥补心中的向往与现实的落差。然而，这一行为往往不经意间影响了传统乡村的聚落格局与公共文化空间，使乡村人居环境面临转型的挑战。

第二节 乡村居民空间行为与乡村人居环境

在既往的乡村人居环境研究中，重点往往偏向于宏观空间结构分析及其住区系统的功能活动剖析，却相对忽视了系统功能变迁与农户个体空间行为间的内在联系。实质上，乡村人居环境的动态演进正是农户各类空间行为交互作用的外在映射。农户的空间行为可细化为居住、消费、就业及社会交往四大维度，每一维度均以其独特的方式作用于乡村环境，其影响既具差异性又相互交织。这些多元化的空间行为共同塑造了乡村人居环境的系统功能，其综合效应不容忽视，对乡村环境的可持续发展具有深远影响。

一、农户居住空间行为直接改变和形成新的村落空间结构

农户的居住区位迁移，一方面深刻地重塑了传统的村落空间格局，打破了旧有的地域界限；另一方面也预示着新兴聚落空间的蓬勃兴起，为乡村发展注入了新的活力。村落空间，作为乡村人居环境不可或缺的核心组成部分，不仅是农户日常生活的舞台，更是他们社会活动与文化传承的载体。因此，农户居住空间的每一次迁移，都如同触发器一般，直接引爆了乡村人居环境动态变迁的连锁反应，推动着乡村面貌的不断更新与演进。

二、居住空间社会分化促成了村落景观的层次化分异

尽管村落空间内农户的社会阶层看似一致，但同一阶层内部因社会经济地位、价值取向等多元因素的差异，仍导致了村落内部的内在分异。居住空间行为作为关键驱动力，显著加剧了这一分化过程。财力雄厚的农户能够凭借较强的居住迁移能力，优先占据优越区位，无形中拉大了居住空间的贫富差距，使得村落景观呈现出清晰的层次化差异。这种空间选择既可能是农户自发的结果，也可能是基于理性考量的有意识行为，但无一例外地加速了居住空间分异的步伐。随着市场机制的深化，居住空间行为的经济分化趋势越发明显，进一步促进了农户在文化、生活方式及价值观念上的多元化发展，最终对乡村人文环境产生了深远且复杂的影响。

三、农户居住空间行为实质上是人地相互作用的表现

农户居住空间的扩张与村落资源利用间的互动，凸显了居住行为对环境的深刻影响。随着居住空间的不断拓展，村落自然资源面临被侵占与退缩的双重压力，物质与能量的频繁交换加剧了这一趋势。这一过程直接触及乡村人居环境的基石——自然生态环境，对其构成了长远的挑战与影响。

1. 农户消费空间行为是农户生产生活空间的延伸

通过消费文化的提升和消费结构的转型来作用于农户，对农户新的生活观和价值观的形成具有重要作用。传统农户秉持节俭与实用的消费哲学，消费空间、频率和水平均有限。而今，经济实力的跃升激发了农户对高品质生活的向往，消费欲望与水平显著提升，消费结构迎来全面革新。这一过程伴随着农户消费观念的转变，从注重实用转向享受生活，追求即时消费满足，乃至偶现透支现象。同时，农村交通道路网络的完善以及农户交通工具的更新换代，极大地拓展了人们的消费空间，传统的经济空间结构因此面临重新调整的挑战。物质流通网络的革新、经济要素的重新布局以及消费空间的重新塑造，共同驱动了乡村地域经济生态的演变，表现为集镇兴衰更迭、新兴经济增长点涌现及传统经济重心迁移等现象，展现了乡村经济活力的新面貌。

2. 就业与社会交往空间行为共塑乡村文化转型，成为人文环境变迁的主引擎

农户就业空间的拓宽让他们频繁邂逅多元新文化，从而经历与以往截然不同的生产生活方式，深刻感受到城乡之间的显著差距。农户"城乡穿梭"的生活方式，成为城市文化向农村渗透的独特桥梁，他们将城市的生活方式、价值观念和交往模式引入农村，带动了乡村传统文化的深刻转型。此转型轨迹，深受农户行为特性的影响。积极、乐观、健康的外来文化如同催化剂，激发农户积极行为，推动乡村人居环境的正向演进。例如，城市良好的卫生习惯让农户开始重视改变原

有的不良生活习惯，一些新住所已经配备了水冲厕所，实现了人畜分居的文明进步。然而，城市中的消极文化也有可能在农村蔓延，因此，在推动文化转型之际，需要引导农户正确辨别和选择文化，以确保乡村人居环境的和谐与可持续发展。

3. 社会交往空间扩张源于就业空间拓展，是农户新价值观塑造的关键动力

就业空间的拓展自然带动了交往领域的拓宽，旧有的社交框架逐渐瓦解，催生了新型社会交往空间的构建需求。在新的就业环境中，农户为了共享生存资源与追求共同利益，倾向于依据相似的社会地位与经济水平形成新的交往圈子。这一新趋势预示着，它或许将逐步替代长期以来由血缘与亲属关系所主导的传统社交模式。在村落空间内部，这一变革尤为显著地体现在社会分化的加剧上。随着居住空间的日益差异化，基于居住条件不同而形成的社会阶层分化现象越发明显，这进一步推动了社会交往空间的深刻转变。当居住空间不仅是遮风挡雨的处所，更成为农户社会地位与身份认同的象征时，它便直接映射出村落空间上社会分化的物质实态。此番转变，不仅是农户生活模式更新换代的体现，更是对乡村社会结构与文化深层次影响的反映。它标志着乡村社会正在经历一场由内而外的深刻变革，向着更加多元化、复杂化的方向发展。

4. 农户居住空间需求持续增加与农户就业空间行为扩张的影响有较大联系

与城市丰富多彩的生活相比，贫穷的乡村生活毕竟太过于单一。在一定经济基础的支撑下，人们分享城市文明的要求越来越强烈，基于制度的约束和自身经济实力的限制，农户普遍将“城市文明”转移到乡村，尽管他们大多数时间都在城市过着边缘人的生活，但在乡村他们依然想延续着自己的梦想，不仅在生活方式上日益城市化，更多地体现在居住空间的城市化上。人们不仅关注外部的居住空间（如居住区位的选择），还重视居住内部的空间设计。其人居活动的

内容、规模和方式的变化不仅直接决定着村落空间结构的演化，而且还直接作用于村落的土地利用变化，因而对乡村人居空间环境产生了重要影响。

在研究乡村人居环境的框架构建中，我们需将农户空间行为嵌入社会经济发展的宏观脉络之中，全面审视其内在联系。该框架的核心在于深刻剖析经济转型与社会变迁如何触动农户空间行为的变迁，进而对乡村人居环境施加制约与塑造作用。研究目标不仅在于揭示农户个体行为背后所映射的乡村人居环境演变特征与内在逻辑，更在于探索科学路径，以优化调控当前乡村人居环境，响应农户日益增长的生活愿景，最终塑造一个既契合实际又充满理想的乡村生活空间与行为环境。

第三节　农民参与乡村建设的主要问题

《农民参与乡村建设指南（试行）》（以下简称《指南》）是在全面落实国家关于乡村建设重大部署的背景下，旨在调动广大农民群众参与乡村建设的积极性、主动性、创造性，完善农民参与机制，激发农民参与意愿，强化农民参与保障，广泛依靠农民、教育引导农民、组织带动农民共建共治共享美好家园。《指南》主要集中在组织农民参与村庄规划编制、乡村基础设施和公共服务设施建设与管护等方面的工作。这应该说是在乡村振兴战略下关于农民参与的首个指导性政策，具有重要的意义（董强，2023）。

一、谁来组织动员农民参与

《指南》中提出，农村基层党组织、村民委员会、村务监督委员会、集体经济组织和群团组织以及驻村第一书记、工作队，是组织动员农民参与的多元主体。在实践中，基层党组织和驻村第一书记等多元主体在动员农民参与中扮演着重要角色，特别是他们通过政治引领能够有力推动农民的广泛参与。然而，无论是在实际操作还是《指南》的文本中，我们都必须重视组织动员中的专业引领。当今的农民群体通过互联网渠道，视野得到了极大拓宽，并具备了一定的行动判断力。然而，当村级组织进行动员时，他们更多地强调工作的重要性和前景，而对工作的具体逻辑和专业思路解释不足，这可能导致部分农民在专业方面的困惑。因此，为了提升农民参与的深度和持续性，我们需要借助外部专业机构来加强对农民群体的专业引导，以增强他们参与的理性动力。这样做不仅能帮助农民更好地理解工作细节，还能提升他们对项目的信任度和参与度。

二、如何引导农民参与村庄规划

《指南》中提出的思路是通过规划前、规划中、规划后的全过程，引导农民参与村庄规划。这种全过程的规划思路有助于农民群众深入理解村庄规划的制定过程及其目的。在乡村传统中，农民群体对规划的实践经验相对有限，无论是家庭房屋还是村集体公共设施的建设，通常都依赖于乡土规划方式，即通过口头协商和实地操作来进行。因此，对于专业化的规划模式，乡村居民往往感到陌生。为了弥合这一差距，《指南》中多次强调通过多样化的协商方式，加强农民群体对文本规划草案的认知与反馈。实践表明，将文本化的村庄规划与乡土性的无纸规划相结合，可能是确保村庄规划持续落地的关键。这样的结合不仅能使规划更加贴近乡村实际，还能增强农民群众对规划的认同感和参与度。

三、如何带动农民实施建设

《指南》分别对实施建设的过程和类型进行了说明。从过程来说，涉及村庄建设项目的确定、设计、开展、监督等环节。从类型来说，分为户属设施项目、村级小型公益设施项目、专业设施项目。对于户属设施项目，主要由农民自主开展建设；村级小型公益设施项目，由村委会和农村集体经济组织承接；专业设施项目则由符合资质的主体承接。基于这样的建设过程和建设类型，由不同的建设主体调动农民参与其中。在实际操作中，我们发现村级小型公益设施及专业设施项目通过以工代赈、先建后补、以奖代补等方式能显著提升农民群体的参与积极性。这些方式允许农民通过参与建设获得经济利益，从而增强了他们的动力。然而，对于户属设施项目，情况则有所不同。这类项目通常需要农民投工投劳，甚至还需投入一定的资金，这在一定程度上降低了他们的积极性。因此，基层政府在推动人居环境改善，特别是厕所革命等户属设施项目时，需要投入更多的精力进行群众工作，以克服推进过程中的困难。这显示出户属设施项目的推进确实存在一定难度。

四、如何支持农民参与管护

《指南》首先对农村公共基础设施和公共服务设施进行了分类，不同的分类指定了管护主体。农民需要参与管护的部分，主要是户属设施和村属公共基础设施。《指南》提出，可以采取党员责任区、街巷长制、文明户评选、“信用＋”、积分制、有偿使用等方式，引导农民参与管护。通过“门前三包”，发动农民维护户属设施，进而保持好人居环境整治效果。鼓励受益农民自愿组建管护团队或组建使用者协会、设立公益性管护岗位，对村属设施进行管护。在基层乡村，农民在参与公共设施管护过程中确实面临诸多挑战。为了确保农民能够长期、稳定地参与管护工作，必须建立起一套有效的激励机制和保障机制。这些机制不仅涵盖规则激励，也包含对农民利益的实质性支持。一些乡村已经采取了将管护责任纳入村规民约的策略，通过社区共同体的压力促使农民履行管护义务。这种做法在一定程度上提高了农民的参与度和责任感。然而，对于户属设施，群体压力通常更为有效，因为设施的维护直接关系到农户的切身利益。然而，对于村属公共设施的管护，仅仅依赖现金激励可能效果有限。这是因为这类设施的管护往往涉及较高的专业性和监督性要求。为了克服这一难题，需要找到更加有效的策略。值得注意的是，一些基层农民自发成立的管护组织，如用水户协会等，已经展现出在解决专业性和监督性不足方面的潜力。这些组织通过内部协作和监督，有效提升了公共设施的管护质量。因此，我们应该鼓励并支持更多类似的农民自发组织，以推动乡村公共设施管护工作的持续发展。

五、强化农民参与保障

《指南》中提出，要加强组织领导和统筹协调，提高组织动员农民能力，保障农民参与权益；建立乡村辅导制度，促进提高农民参与质量；创新乡村建设政府投入机制，转变农民参与的观念；定期监测农民参与乡村建设的知晓率、参与率、满意度；将农民参与乡村建设列为相关表彰评选的指标；推广农民参与乡村建设的典型案例。应该说，农民参与乡村建设的意愿和能力相对较弱，这种薄弱状态与乡村的历史命运紧密相连。在中国追求现代化的发展道路上，乡村往往更多地服务于工业化和城市化，缺乏自我发展的内生动力。农民群体普遍以城市生活为追求目标，这在一定程度上削弱了他们对乡村的归属感和参与度。然而，在脱贫攻坚和乡村振兴战略的推动下，国家开始更加重视乡村的自身发展，并努力强化乡村的本位价值。这一转变为农民群体提供了更多的机会和平台，使他们能够更积极地参与乡村公共事务，并感受到乡村发展的重要性。为了进一步加强农民参与乡村建设的保障，关键在于平衡城乡发展，让乡村在国家发展中占据重要地位。通过凸显乡村的价值，我们可以激发农民群众对乡村的内在归属感和自豪感，这将是他们持续参与乡村建设的强大动力。只有让农民真正成为乡村发展的主体，才能实现乡村的全面振兴和可持续发展。

第六章

乡村人居环境宜居性评价

第一节　乡村人居环境适应性分析

一、人居环境自然适宜性评价的重要性

1. 人居环境是人类生存发展的空间场所

营造宜居宜业的生产环境、生活环境、和生态环境，实现对国土空间的高水平治理，是空间规划追求的目标。研究人居环境能够揭示人类聚居发展的内在规律，从而构建出满足人类期望的聚居环境。现代城乡规划出现的主要目的之一就是改善人居环境（G. 阿尔伯斯和吴唯佳，2013）。例如，英国制定了城市建筑的日照间距、人口居住密度、基本卫生设施等基本标准（苏腾和曹珊，2008）。此后，我国在国土空间规划过程中对城乡人居环境的控制管理逐步由有预见性的规划引导替代原来的应急性控制。就目前而言，“以人为本”是很多发达国家在空间规划中所重点关注的（蔡玉梅等，2017），将营造良好的人居环境作为国土空间规划中的一部分重要内容。如荷兰宪法规定政府实施规划的职能是保持国家的宜居性。

2. 我国已进入绿色发展新阶段

长期以来，我国在城乡规划建设与土地利用规划开发中往往重视生产属性，而忽略对居民生活环境的改善，忽视“以人为本”的发展理念（李晓江，2014）。改革开放以来，城乡规划以及土地利用规划主要聚焦于应对工业化、城镇化快速推进所带来的现实挑战，着重于新城新区建设、基础设施建设、产业发展及耕地保护等方面。然而，随着我国进入绿色发展的新阶段，规划视角和需求也相应发生了转变。从需求层面分析，根据马斯洛需求理论，当人民的基本生存需求得到满足后，将追求更高品质的生活和全面发展。这一转变体现在国土空间规划中，要求规划更加注重满足人民对于美好生活的向往。从生产角度看，经济增长模式逐渐由创新驱动取代原来单纯的规模增长，人才是创新的关键，而人居环境是留住人才的关键。因此，新时代的国土空间规划必须坚持“以人民为中心”的理念，积极推进人居环境治理，以满足人民群众在高质量发展阶段对美好生活的追求和期待。这不仅是规划工作的新要求，也是实现可持续发展的必然选择。

二、从微观尺度向宏观尺度拓展的必然性

自然环境是人居环境的基础，在全球、区域、城市、社区、建筑等不同空间尺度的影响程度有差异。早期人居环境研究多数集中于城市内部空间、街区等较小空间尺度，大气、水文等自然条件对人居环境有影响。但是城市内部自然地理环境具有均质性，而人类技术改造地表自然环境的能力较强（马仁锋等，2014），自然环境已不再是影响人居环境的主导因素。因此较小空间尺度的人居环境适宜性评价主要考虑绿化、交通、社会行为便捷性、大气质量等因素。但在宏观尺度自然地理环境要素仍然对人居环境起决定性作用，并影响人口的分布和迁移。如自然地理环境是影响我国胡焕庸线两侧人口分布的主要因素；近年来大量东北地区人口选择在海南过冬，形成候鸟型人口（Hao et al.，2019）的现象也是受气候等自然环境因素影响。

改革开放后，我国在城市、街区等微观尺度的城市规划和景观设计中对人居环境改善有考虑（张兵，2015），但在国家级、省级和市县级等宏观中观尺度的国土空间规划对人居环境考虑较少。随着经济社会的发展，从微观尺度向宏观尺度拓展，在相对宏观的国土空间规划和空间治理中营造良好的人居环境是必由之路（吴良镛，2005）。鉴于自然要素在相对宏观尺度对人居环境起决定性作用，通常用“人居环境自然适宜性”表征其对人类集中居住的适宜程度。因此，需要通过人居环境自然适宜性评价来引导人口合理分布与城乡建设空间合理布局，支撑国土空间规划编制与国土空间治理。

三、人居环境自然适宜性评价方法回顾

人居环境科学建立以来，在城市、城市片区、城市街道、城市建筑等微观尺度形成了以城市规划、建筑学为主，地理学、环境科学、生态学、管理学等多学科交叉的学科组群（田深圳和李雪铭，2016），构建了由经济发展、社会与公共服务、居住条件、生态环境与卫生、基础设施等多维度评价指标体系（陈呈奕等，2017；杨俊等，2020）；地理学的影响主要体现在宏观尺度和中观尺度上，建立了以自然要素为主的评价指标体系（王毅等，2020）。例如，在人居环境对人口分布影响方面，有学者对全球范围内人居环境进行研究，认为海拔是最重要因素（Small and Nicholls，2003）；在国内，吕晨等（2009）认为地形和气候是最主要自然因素，方瑜等（2012）认为气候、地形和水文是主要影响因素。在人居环境评价指标体系与模型方面，封志明等以地形、气候、水文和植被为主要指标构建模型（封志明等，2008），一些学者根据该模型开展全国及陕西、广东、重庆、贵州、安徽、西藏等地的人居环境自然适宜性评价，形成了一套较为成熟的评价范式（王毅等，2020）。

第二节　乡村人居环境宜居性评价体系

自 2018 年启动的农村人居环境整治三年行动以来，我国农村地区的环境卫生状况得到了显著改善，村庄环境整洁有序，农民生活质量普遍提升。但是，我国农村人居环境整体质量水平仍有待提高。

随着我国城市化进程的加快和城乡二元结构的调整，乡村地区的发展问题日益凸显。为了激发乡村发展活力，提升乡村人居环境宜居水平成为迫切需求。为此，构建乡村地区宜居评价指标体系显得尤为重要。这一体系将人居环境内涵细化为可评价、可度量的指标，为评估乡村人居环境的发展状况和发展趋势提供了基础。

建立科学有效的评价体系具有双重意义。首先，通过纵横向的比较研究，我们可以评估政策措施的效果，取长补短，并长期监控社会变化规律，推动人居环境学科的发展。其次，评价体系可以明确现实与理想人居之间的差距，为政府制订提升策略和行动计划提供指导。因此，我们应进一步完善这一体系，为改善农村人居环境、促进乡村振兴贡献力量。

一、乡村地区宜居的内涵

城市与乡村共同构成了人居环境的广阔领域。在探讨宜居的内涵时，我们可从“狭义”与“广义”两个维度进行审视。狭义层面，宜居主要聚焦于居住的基本条件，涉及气候、生态、环境、治安以及公共服务等因素，确保居民的基本生活需求得到满足。而广义层面，宜居则扩展至经济繁荣、社会和谐、基础设施完善、公共服务健全以及文化特色鲜明等多元化维度，追求更高层次的生活品质。对于村镇区域的人居环境，不同学科有着不同的见解。建筑学主要关注乡村地区住宅建筑与居住环境的融合，强调提升古村落、传统城镇、山地流域等地区的宜居水平，并探讨住宅设计与人居环境之间的关联。而地理学则从乡村地域空间背景出发，将村镇地区人居环境视为人类活动与自然系统协调发展的广义概念，涵盖了更为广泛的地域和人文要素。通过跨学科的综合研究，我们能够更全面、深入地理解村镇区域人居环境的内涵，为制定科学、合理的规划和政策提供有力支持。

二、乡村和城市宜居评价指标体系构建的差异

改善居民人居环境是城市和乡村共同追求的目标，然而，两者在宜居评价的方法上虽可相互借鉴，但鉴于城乡之间的显著差异，必须对这种差异进行深入理解。构建乡村宜居评价体系时，必须充分考虑到城乡的不同特点，以确保评价体系的现实性和操作性。在指标框架的构建、具体指标的选取以及指标计算等各个环节，都需要充分考量乡村的实际情况，以确保评价结果的准确性和有效性。因此，梳理城市与乡村在宜居评价的不同，是构建乡村宜居评价体系的重要前提。城市与乡村宜居评价的不同点主要有以下几个方面。

1. 城乡人居环境对生态环境的依赖程度不同

村镇聚居形式的形成，深受自然地形地貌条件和自给自足的农业经济影响。这使得乡村地区的生活品质和经济发展与生态环境有着更为紧密的依存关系。因此，在构建宜居评价指标体系时，必须充分考虑这一特点，确保生态环境因素得到恰当体现。

2. 社会资本对乡村发展至关重要

乡村发展虽依赖政府等外部援助，但社区自我供给的公共产品仍不可或缺。社区内部的合作对推动乡村区域发展、保证乡村公共产品供给非常重要。因此，乡村宜居评价体系应充分考量社会资本因素，以反映社区内部的凝聚力和协作能力。

3. 城乡基础设施建设条件不同

城市人口密集，大大提高了础设施利用效率，保证了公共投资效

益。而乡村地区则恰恰相反，使基础设施供给方式与规模受到制约。因此，在保障设施供给合理性的过程中，我们需要从效率的角度出发，精准选择评价指标并科学设定标准值。

4. 乡村地域差异大，难以设定统一评价标准

城市在社会、经济、建设、发展等方面数据标准统一，易于对比。然而，由于地形地貌、地理区位、气候土壤、风俗文化、经济发展等因素影响，乡村地区呈现多样性和差异化特征，导致无法用同一评价体系进行评价对比。

5. 城乡数据获取方式及难易程度不同

乡村地区，特别是乡镇及以下的区域，由于地理位置偏远和基础设施相对滞后，统计数据的获取往往面临较大难度。因此，在构建宜居评价体系并设置相关指标时，必须充分考虑到这一现实挑战，确保评价体系的可行性和有效性。

三、乡村地区宜居评价指标体系构建方法

1. 评价对象

按乡村地区宜居评价对象的尺度，可以将乡村宜居评价指标体系分为省、县、乡镇、村四个级别的尺度。表 6 – 1 总结了四个尺度下乡村宜居评价指标体系。目前，乡村宜居评价单元主要在乡镇尺度。

表 6 – 1　　国内外乡村地区各尺度宜居评价体系

地域	经济发展	社会与公共服务	居住条件	生态环境与卫生	基础设施	文献来源
省域	乡村发展水平	公共服务	居住条件	生态环境	基础设施	李伯华等（2010）
		经济社会发展		环境	基础设施	高延军（2010）
				环境宜居性		封志明等（2008）

续表

地域	经济发展	社会与公共服务	居住条件	生态环境与卫生	基础设施	文献来源
县域		公共服务	居住环境	生态环境	基础设施	朱彬等（2011）
		公共服务	居住环境	生态环境	基础设施能源消费	杨兴柱等（2013）
	人类社会	人类社会支撑系统		地域空间	支撑系统	刘立涛等（2012）
		休闲娱乐设施		当地气候土地利用	水资源	Deller 等（2001）
				基址、明堂、水系、山系、区位条件		俞义等（2004）
镇域	社会经济	人口素质和文化公共基础服务设施	居民生活质量	生态环境	公共基础服务设施	王婷等（2010）
	经济发展	社会进步居民生活	设施环境		设施环境	陈鸿彬（2007）
		公共服务设施医疗保障交通治安	居住环境		基础设施	程立诺等（2007）
	社会经济	公共服务设施社会经济	村镇规划社会经济	安全格局环境卫生	基础设施	胡伟等（2006）
	社区经济条件成长性可持续发展	社区社会环境聚居能力	聚居条件	生态环境	聚居环境	李健娜等（2006）
	乡村经济	社会文化资本和服务		乡村环境		欧盟乡村发展项目生活品质提升评价（2007）
	经济	设施、文化、社会和行政效率		设施环境	设施	意大利艾米利亚－罗马涅大区生活品质指标（2010）
村域	经济发展	公共服务设施配套社会协调		生态之城	基础设施配套	周侃等（2011）
	经济环境可持续性	聚居能力可持续性社会环境	聚居能力	自然环境可持续性	聚居能力	周晓芳等（2012）

资料来源：刘嘉瑶《国内外乡村地区宜居评价指标体系研究综述》，有改动。

2. 体系构建

在构建城乡宜居评价体系时，我们应坚守系统性、科学性、可操作性和相对独立性的基本原则。确保各评价指标既保持独立又相互关联，从而形成一个有机整体。从评价理论的基础上，分为直接评价法和间接评价法；根据切入点不同，又可分为单系统评价和综合系统评价。可以根据城乡区域的发展需求选择合适的评价方法。

（1）直接评价法和间接评价法。

直接评价法是一种通过直接调查来测量社会幸福水平的方法，被广泛应用于国内外宜居评价中。其显著优势在于能够直接、精准地捕捉人们的价值观念和喜好，有助于快速定位问题所在，并进行深入地跟踪分析。此外，这种方法还能将宜居评价的范围拓展至物质条件以外的领域，包括人们的主观感受，使得评价结果更为全面。在数据获取方面，直接评价法不受严格的数据限制，可以灵活地运用已有数据和调研数据对指标进行估算。然而，直接评价法也存在一定的局限性。由于这种方法依赖研究者的主观判断和调查设计，其结果可能受到研究者认识水平的影响，具有一定的随意性。因此，在实践中，不同的模型和评价方式可能会产生不同的评价结果。为了确保评价结果的客观性和准确性，需要研究者具备深厚的专业知识和丰富的实践经验。

间接评价法涵盖了多种方法，如不幸评价法、福利评价法、资本评价法和个人发展能力评价法等。在乡村地区，常用的为不幸评价法。不幸评价法通过测量宜居的反面因素，如自然灾害、社会违法事件、资源短缺、生态破坏、环境污染等，从而间接推算乡村的宜居水平。不幸评价法可以反映乡村基础设施分布的不均衡性、乡村公共产品供需的不匹配程度等，可以为政策制定和资源分配提供参考。

（2）单系统和综合系统。

单系统评价侧重于从某一特定学科背景出发，专注于宜居环境中某一关键方面的评估。尽管单系统评价在全面性上可能有所不足，无法涵盖人居环境的所有方面，但它能够针对某一特定领域构建出更加精细、深入的评价体系。单系统评价的对象广泛，涵盖了自然系统、居住系统以及支撑系统等关键领域，确保了对这些领域的深入理解和精准评估。

自然系统评价。基于栅格单元利用自然要素（地形地貌、气候、水文和土地利用等）构建模型进行人居环境适宜性评价。

居住系统评价。在评价过程中，关注布局、设计、性能以及节能等方面，确保住房与其周围环境相协调。以江南乡村为例，针对水网平原区的自然村落，从基址、明堂、水系、山系这四个关键维度出发，建立了一套布局评价指标体系，这一评价体系全面覆盖了住宅的居住舒适性、环境友好性、资源节约性和结构安全性，确保村镇住宅在满足居民基本生活需求的同时，也符合可持续发展的要求。

支撑系统评价。人居环境的支撑系统包括给水系统、污水系统、电力系统、通信系统、交通网络以及实体布局等。后来部分学者将基础设施（周围，2007）、能源、环境（赵海燕，2011）等要素纳入农村人居环境的支撑系统评价体系中。

国内外学者普遍认为，一个宜居的环境应当全面满足人们在工作、生活及居住方面的多样化需求。因此，乡村人居环境评价多进行综合系统评价。综合系统评价包括社会、经济、基础设施、居住条件、环卫等。为了确保评价的准确性和全面性，评价过程往往需要通过标准化、多指标合成等科学方法，对不同子系统的评估结果进行整合和综合分析。这样的评价体系有助于全面、客观地反映村镇区域人居环境的实际情况，为相关政策的制定和实施提供科学依据。

四、指标选取

指标体系选取应当遵循以下原则：一是目标导向，选取与之紧密相关的指标；二是系统性和完整性，指标应全面覆盖研究区域的各个方面，从而提供全面的分析和评价；三是精练性，强调指标之间的相对独立性，旨在减少冗余信息，提高评估效率；四是可操作性，数据应易于收集且质量可靠。

指标的选取往往根据理论框架和研究目的自主设定。主成分分析法能够帮助研究者从大量原始指标中挑选出少数几个相互独立且对整体状况解释力最强的关键指标，从而提高评估的效率和准确性。此外，在实际操作中，为了确保指标体系的全面性和实用性，多方参与的方法也常被采用。例如，在意大利艾米利亚－罗马涅大区乡村地区生活品质指标的制定过程中，就采用了多方参与的策略。这种方法能够确保指标选取的广泛性和代表性，同时也增强了指标体系的实际应用价值。在选取具体指标时，研究者还需要权衡主客观指标以及数据可获得性之间的平衡。主观指标通常基于人们的感知和评价，能够反映个体的真实感受和需求；而客观指标则基于实际数据和事实，能够提供客观、准确的评估结果。研究者应根据研究目的和实际情况，综合考虑主客观指标的选择，并确保所选取的指标具有可靠的数据支持。

1. 客观指标体系和主观指标体系

人居环境评价指标体系被划分为客观与主观两个主要体系。客观评价指标体系基于资源的视角，将人居环境的各类要素视为资源，着重评估这些资源的供给状况及丰富程度。通过对单个资源的丰富程度的量化，集合形成对人居环境资源整体状况的评价。此类评价体系的指标数据主要来源于统计数据，确保了其客观性和准确性，在研究和应用中占据了主流地位。这种以资源为中心的客观评价指标体系，能够全面、系统地反映人居环境在资源供给方面的状况，为决策者提供科学依据，促进资源的合理配置和高效利用。表 6－2 对目前主要研究的宜居各领域客观评价指标归纳。

表 6－2　　宜居性评价客观指标

领域	客观评价指标
经济发展	人均 GDP、财政收入、农民人均收入、农民年底储蓄额、城镇居民与农村居民收入比、非农就业比例、恩格尔系数、产业结构、就业结构、固定资产投资等
社会与公共服务	医疗、养老等社会保障覆盖率、基尼系数、刑事案件发生率、人口结构、就业培训、平均受教育年限、文化体育设施配置、教育医疗设施配置、商业网点、邻里关系等

续表

领域	客观评价指标
基础设施	人均道路面积、道路密度和路面硬化、行政村通车与公共交通、农田灌溉设施、有线电视、互联网、燃气、自来水、污水处理、电力、通信等
居住条件	人均居住面积、建筑材料与结构、建筑质量、房屋价值、家庭耐用品配置、住宅设施配套等
生态环境与卫生	自然景观类型、公园绿地、清洁能源推广、生活垃圾无害化处理、环卫设施配置、家庭卫生设施、化肥农药使用等

资料来源：刘嘉瑶《国内外乡村地区宜居评价指标体系研究综述》，有改动。

主观评价指标体系侧重于人本观，它关注的是个体对于人居环境的心理满足程度，即居民在居住环境中心理需求被满足的程度。这一体系通过收集社会调查数据，以满意度为主要表征方式，逐步汇总个体需求满足程度以形成整体满足需求的评价（李伯华等，2009）。

将主观与客观指标相结合，能更全面地反映宜居水平，并通过对比不断缩小人居环境供给与需求之间的差距。莱顿学派的满意度多层次聚合模型为此提供了理论支持，该模型将生活满意度分为客观条件、分领域幸福感和整体幸福感三个层次，强调了客观条件与主观感受的互补性。在具体实践中，刘学等（2008）的研究发现，江苏省十个村庄的客观建状况与村民主观满意度不匹配，这种不匹配为评判偏离情况和分析偏离原因提供了参考。在主客观指标的结合方式上，不同研究采用了不同的方法。黄祖辉等（2008）分别选取了客观指标和主观指标构建综合评价指标体系。而 2012 年的欧洲生活品质调查则采用了在问卷中同时询问客观内容和主观评价的方式，深入了解了各国居民生活品质的地域性差异和影响因素。

对比两种评价方法，主观评价方法受到调查问卷设计、被调查者喜好以及调查范围人群等因素影响，评价结果偶然性大，但体现人本主义的思想。客观评价方法依赖于统计数据，难以与人的感受直接挂钩。乡村宜居评价应根据其研究目的和条件，谨慎选择采用主观或客观指标，或采用主客观结合的方式，以进行补充和对照。

2. 指标体系科学性与数据可获得性的矛盾

宜居评价指标的选择确实经常面临一个挑战：在追求实际操作中的数据易得性与科学理论中的理想指标之间寻找平衡。其一，易于收集的数据可能在科学严谨性上有所欠缺；其二，理论上合理的指标又无法轻易获取数据。博阿里龙等（Boarinid et al.，2006）和考夫曼等（Kaufmann et al.，2007）都指出了这一矛盾，并强调即使不易收集数据，也不能轻易忽视它们，否则在进行国际或跨时间的比较时，可能会得出误导性的结论。他们建议，可以通过完善指标选取方法、优化数据收集方式来解决，而不是在方法上退而求其次。

在我国，乡村宜居评价的数据可获得性问题尤为突出。数据的可获得性通常分为三个层次：一是已经现有的统计数据；二是根据已有数据进行统计分析可获取数据；三是尚未统计但又非常重要的数据。目前，乡村地区客观评价数据不易获取，往往利用主观调查数据来弥补其不足，将主观评价与客观评价相结合。

五、指标计算

1. 权重设置方法

指标权重反映其对人居环境总指数的贡献度，因此在构建综合指标体系时确定指标权重的是非常重要的。权重设置方法可划分为主观赋权和客观赋权两大类。

主观赋权方法，常用的方法是 Delphi 法和层次分析法。例如，李伯华在湖北省荆州市石首市久合垸乡的研究中通过模糊层次分析法和德尔菲法来确定各指标权重（李伯华，2014）。主观赋权方法虽然在研究中应用广泛，但受主观因素影响较大。

客观赋权方法则依赖于数据本身来确定权重。常用的方法是变异系数法、熵值法、主成分分析法、多元统计分析法等。但是，客观赋权方法的局限在于其对样本数据量的要求较高。

在学术研究中，虽然可以通过上述方法设定一套权重，但在实际操作中，由于村镇区域类型多样且发展诉求各异，单一权重设置模式往往难以适应复杂的现实情况。因此，需要根据实际情况对权重进行优化调整，以反映各地宜居建设的侧重点。

2. 设置标准值

在客观评价指标体系中，指标标准值是衡量人居环境建设水平的依据，也是进行数据无量纲化处理的基准，标准值的设置取决于评价的具体目的。若评价政策有效性，标准值则设定为现状值，将发展数据与标准值比较，则反映改善情况；若用于纵横向比较，则可以指标均值、极值、基期值为基准对数据进行无量纲化处理；若对人居环境建设进行达标考核时，则将目标值作为基准。目标值设置也可以通过趋势外推、经验值、发展目标等。胡伟等（2006）认为，在确定标准值时，在参考国标的同时，还应结合评估对象所处的城市或地区的具体数据。

六、乡村地区宜居评价指标体系

建立切实可行的、有效的农村人居环境建设质量客观评价指标，整体上应由多个指标构成，各指标间既相互独立又相互联系，选取指标时遵循数据资料的全面性、可获得性和代表性的原则，参考人居环境质量评价指标体系构建的相关研究，根据目前农村人居环境建设实际情况，基于美丽乡村视角选取5个一级指标、31个二级指标构建农村人居环境建设质量客观评价指标体系，如表6－3所示。

表 6－3　乡村人居环境建设质量客观评价指标体系

一级指标	二级指标	序号
产业兴旺	主导产业	X1
	品牌建设	X2
生态宜居	村碑风貌	X3
	农村房屋	X4
	村庄道路	X5
	村庄水体	X6
	村庄绿化	X7
	供电	X8
	供水	X9
	排水（污水处理）	X10
	通信（网络，闭路）	X11
	燃气	X12
	暖气	X13
	路灯	X14
	垃圾处理	X15
	厕所改造	X16
	子女上学	X17
	村民医疗	X18
	商店	X19
	环境卫生	X20
	垃圾处理	X21
	空气质量	X22
	村庄规划	X23

续表

一级指标	二级指标	序号
乡风文明	村庄荣誉	X24
	好人好事	X25
	体育健身场地	X26
	文化娱乐	X27
治理有效	村两委机构	X28
	村庄治理措施	X29
生活富裕	人均收入	X30
	社会保障	X31

资料来源：王祺斌《农村人居环境质量客观评价指标体系研究》，有改动。

第三节　乡村人居环境建设情况社会调查

一、总体情况

2020 年 6 月 15 日至 22 日，菏泽学院 160 名师生组成 40 个调查组，本着客观、真实的原则，采取入户走访调查方式，对菏泽市样本区已建成的 208 个农村社区全部开展问卷调查，对未实施的村按照 1% 的户数比例进行取样，共发放调查问卷 24000 份，收回有效问卷 22759 份。

问卷主要围绕乡村人居环境建设中村民最关心的问题设计，分为“已完成”和“未实施”两大类，综合考虑家庭、年龄及收入结构等因素，分别设置了 14 个和 18 个问题，主要涉及村民是否支持、喜欢什么样的户型、希望配套哪些公共设施、土地是否愿意流转托管、入住社区后的就业意愿等村民关心的焦点问题，力求真正摸清村民最真实意愿和想法，为下步推进农村新型社区建设提供参考。

二、问卷结果及分析

（一）已完成类

1. 基本情况

本次调研共回收有效问卷3597份，调研男性2287份，女性1310份。其中50岁以下占比57.27%，50岁以上占比42.73%。小学文化程度占比36.66%，初中文化程度占比43.90%，高中及以上文化程度占比19.44%。

2. 村民现居住的楼房建设模式情况

已实施新型社区建设现居住楼房建设模式中以低层带院为主，占比65%；多层单元式（3~6层）占比26%；小高层单元式（7~11层）占比4%；高层单元式（12层以上），老年周转房分别占比1%。

3. 村民希望居住的新村房屋模式

已实施新型社区建设的群众希望居住的住房模式主要是低层带院，占比62.82%，多层单元式（3~6层）占比27.54%；小高层单元式（7~11层）占比5.38%；高层单元式（12层以上）1.33%；老年周转房占比1.7%；其他情况占比1.2%。

4. 村民对现在搬入的楼房满意情况

较为满意的占比79%，基本满意占比16%，不满意占比5%。不满意的原因主要集中为楼房质量不好、充电桩少、空间少，无法晾晒粮食、没有暖气等问题。

5. 村民搬入新社区满意的原因

生活安心舒心占比59.01%；居住环境好占比22.28%；子女入学入托占比近11.49%；就业方便占比3.17%；不种地不减收占比1.09%，其他占比2.97%（见图6-1）。

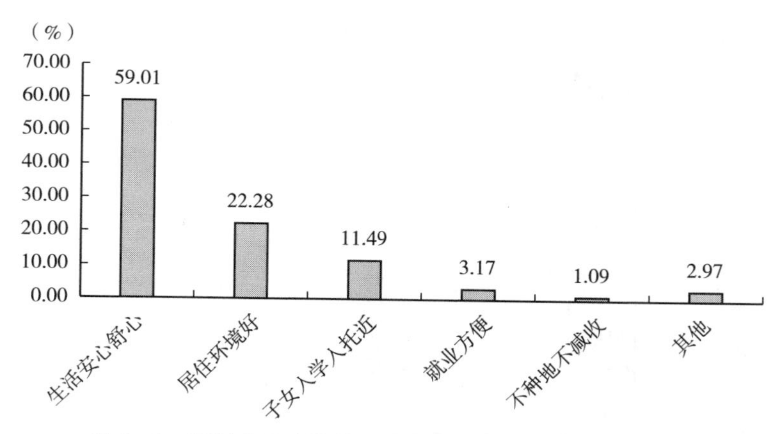

图6－1　菏泽市已实施新型社区建设搬入新村的主要原因

6. 村民原房屋和新房屋价格差额

村民原房屋平均价格8.69万元，新房屋购房费平均为13.53万元，差额4.84万元（见图6－2）。

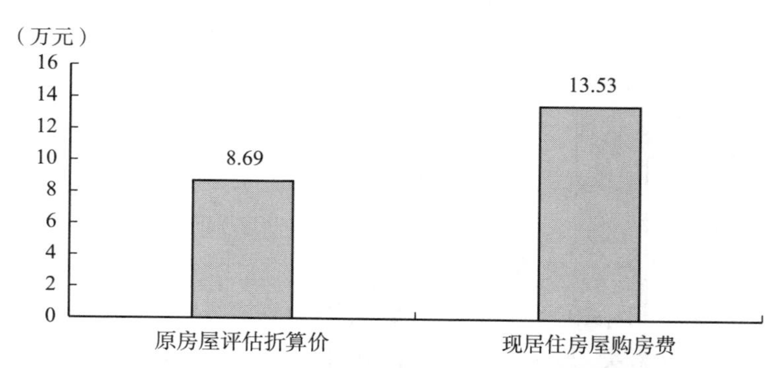

图6－2　菏泽市已实施新型社区原房屋和现住房屋费用情况

7. 村民基础设施满意情况

村民对基础设施较为满意，占比81%，基本满意占比15%，不满意占比4%。

8. 村民对学校、卫生室、文化广场等的满意情况

村民对学校等基础设施较为满意，占比67.67%，基本满意占比26.81%，不满意占比5.52%（见图6－3）。

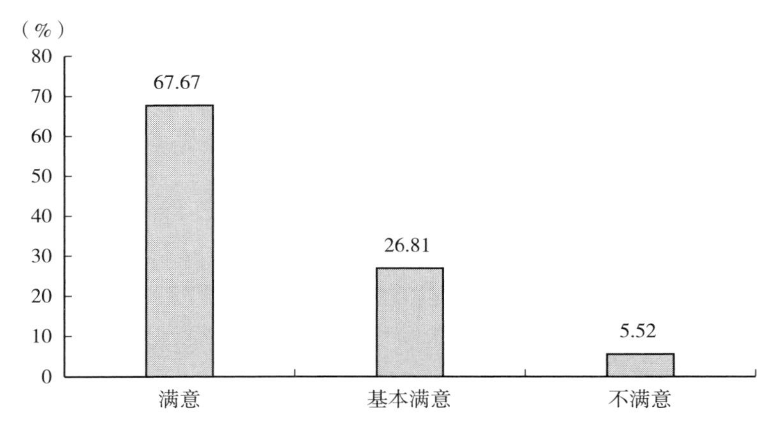

图6-3　菏泽市已实施新型社区对学校、卫生室、文化广场等满意情况

9. 村民对社区生活环境的满意情况

村民对新型社区生活环境（绿化、物业、道路等）较为满意，占比64.86%，基本满意占比28.40%，不满意占比6.73%（见图6-4）。

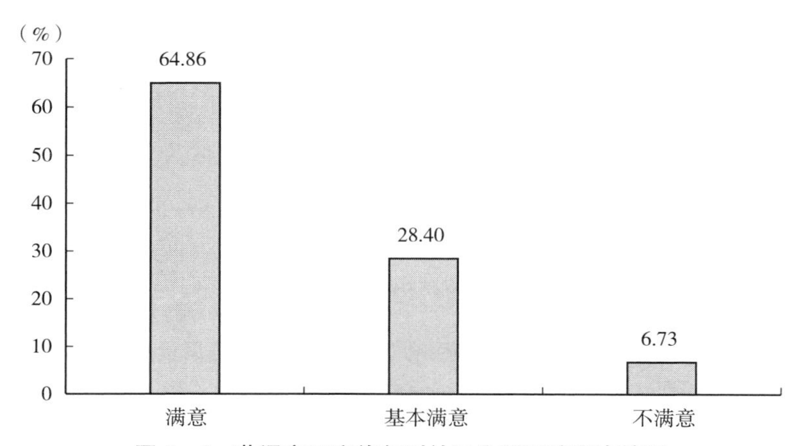

图6-4　菏泽市已实施新型社区生活环境满意情况

10. 村民希望增加的公共设施情况

村民较为希望增加的基础设施是暖气，占比65%，希望增加污水配套设施占比13%，希望增加燃气占比7%，其他占比15%（见图6-5）。

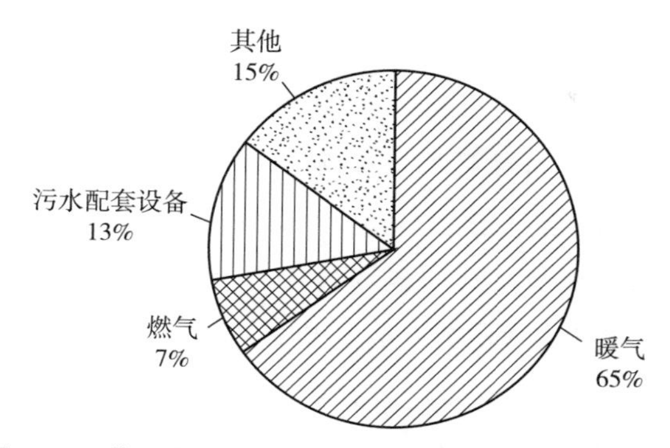

图6－5　菏泽市已实施新型社区希望增加公共设施情况

11. 村民对新型社区建设支持或满意情况

村民对新型社区建设较为满意，占比74.56%，基本满意和支持占比18.66%，不支持不满意占比6.78%（见图6－6）。

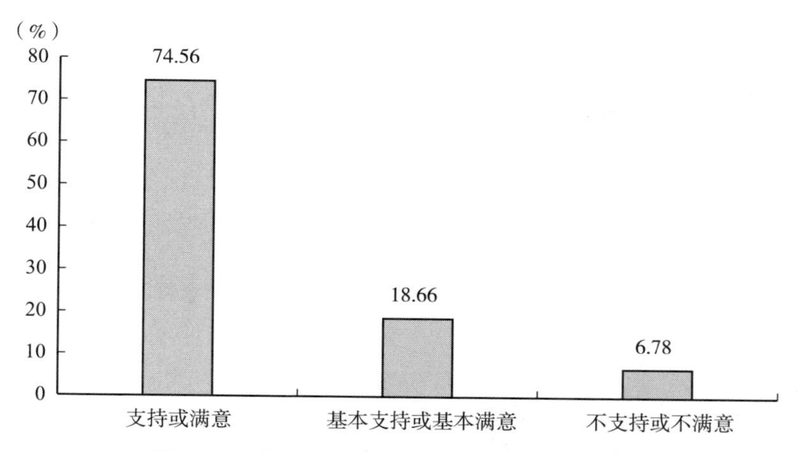

图6－6　菏泽市已实施新型社区建设满意情况

（二）未实施类

1. 基本情况

本次调研共回收有效问卷19162份，调研男性12008份，女性7154份。其中50岁以下占比48.32%，50岁以上占比51.68%。小学文化程度占比42%，初中文化程度占比42%，高中及以上文化程度占比16%。

2. 村民对现在的居住条件是否满意

对现住条件满意的群众占比为77.52%，不满意的占比为22.48%。

3. 村民对现在居住条件不满意地方

居住环境差的占比为39.48%，生活不方便的占比为20.71%，教育医疗条件跟不上的占比为22.36%，就地务工没有门路的占比为17.45%，其他占比为24.37%（见图6－7）。

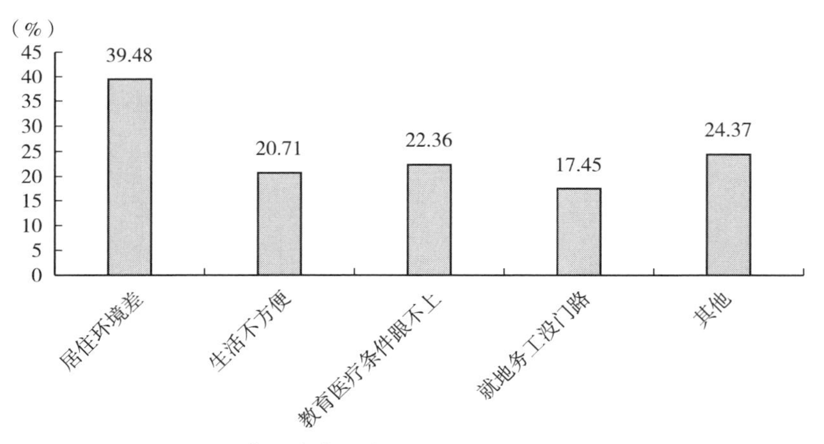

图6－7　菏泽市未实施新型社区调研人不满意原因

4. 村民现在的住房类型

村民住平房的占比为74.68%，住楼房的占比为17.32%，单元房的占比为2.80%，其他占比为5.21%。

5. 村民现在住房的建成时间

57%的是房龄10年以上的，5～10年的占比23%，2～5年的占比14%，2年之内的占比6%（见图6－8）。

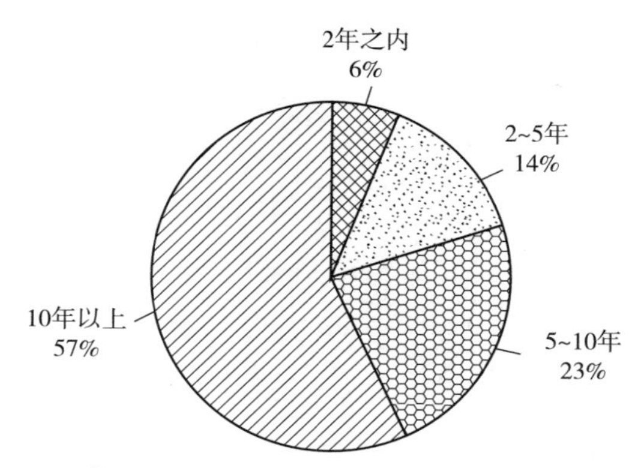

图 6－8　菏泽市未实施新型社区调研人现住住房建成时间

6. 村民现在住房的结构

18.18%的是钢筋混凝土结构，46.38%是砖混材料结构，31%是砖瓦砖木结构，3.22%是土坯结构，其他占比是1.22%（见图6－9）。

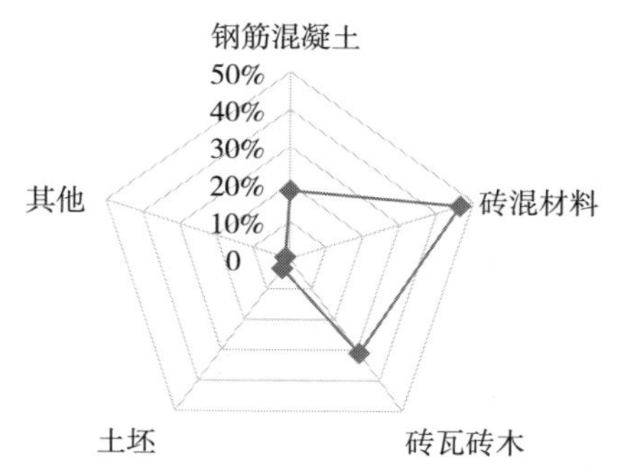

图 6－9　菏泽市未实施新型社区调研人现住房结构

7. 村民现在住房的建筑面积

家庭住户建筑面积为100～200平方米的占47%，200～300平方米和100平方米以下的均占22%，300平方米以上的占9%（见图6－10）。

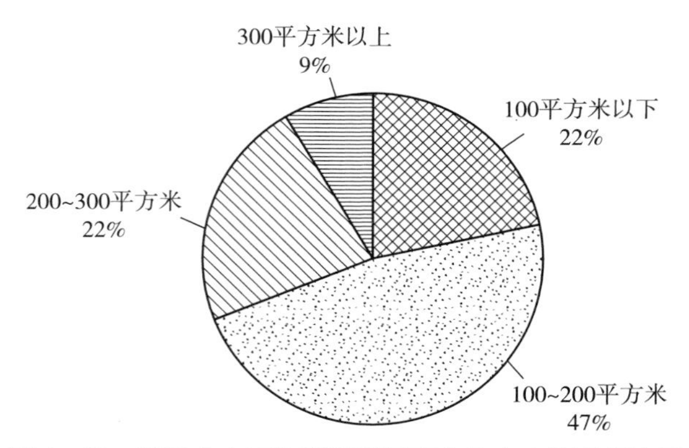

图 6-10 菏泽市未实施新型社区现有住房建筑面积比例

8. 村民现有房屋套数及占地面积

79.90%的家庭拥有1处房产，15.23%的家庭拥有2处房屋，4.87%的家庭拥有3处房屋以上；平均住房宅基地占地面积4.9分（见图6-11）。

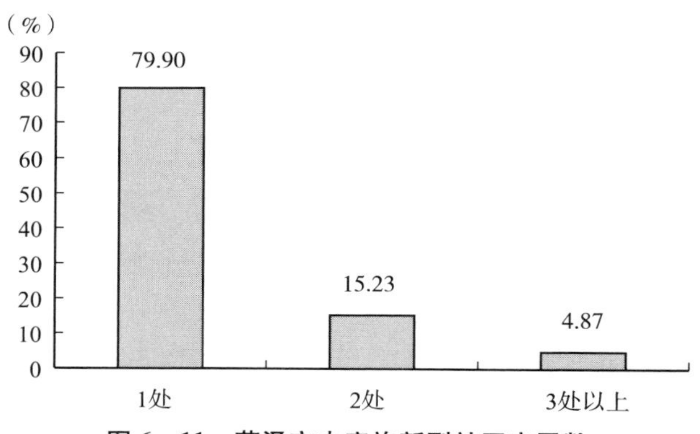

图 6-11 菏泽市未实施新型社区房屋数

9. 村民是否了解过农村新型社区建设的相关政策

有57.6%的农村居民了解过农村新型社区建设的相关政策，42.4%的农村居民没了解过农村新型社区建设的相关政策。

10. 村民认为农村新型社区建设选址在什么位置合适

50.1%的村民希望农村新型社区建设选址在拆迁村附近，33.5%的村民希望农村新型社区建设选址在乡镇驻地，10.3%的村民希望领取补偿款到城区购房，6% 的村民有其他意向（见图 6－12）。

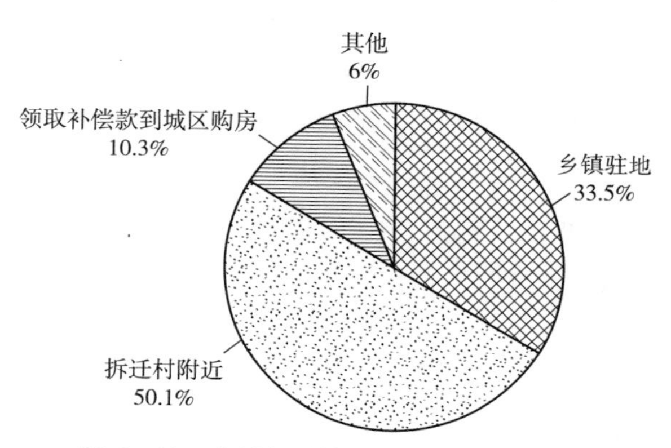

图 6－12　农村新型社区建设选址位置意向

11. 村民认为农村新型社区建设人口规模多少合适

接近 60% 的村民期望农村新型社区人口规模在 5000 人以内，80% 以上的村民期望新型社区人口在 8000 人以下（见图 6－13）。

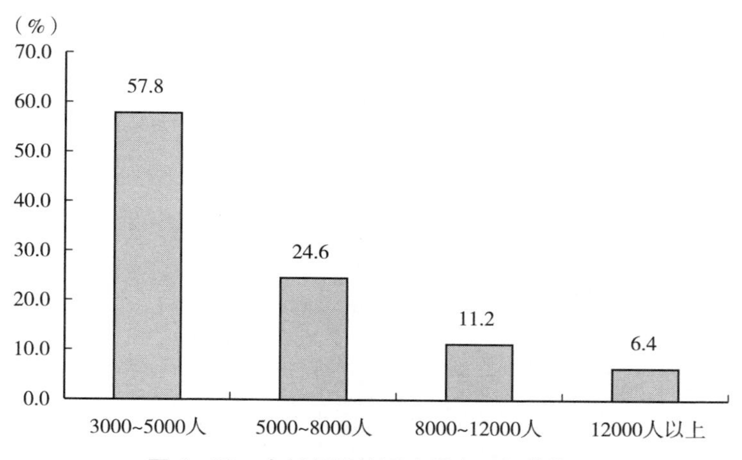

图 6－13　农村新型社区建设人口规模期望

12. 村民在新村建设上比较认可哪种建设方式

75.8% 的村民支持统一规划、统一建设，24.2% 的村民认可统一规划、自行建设。

13. 根据家庭条件或现在住房屋情况，村民比较接受新村房屋建设模式

80.4%的村民期望低层带院的新村房屋，16.3%的选择多层或高层楼房，只有2.4%的选择老年周转房（见图6－14）。

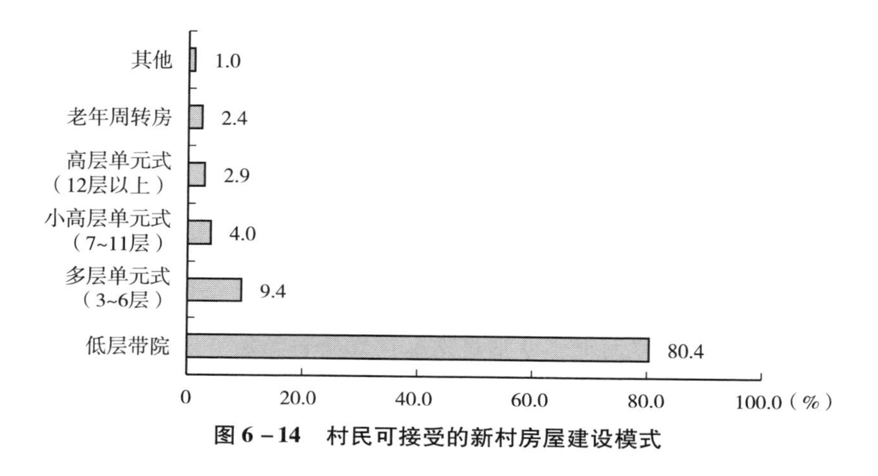

图6－14 村民可接受的新村房屋建设模式

14. 村民需要的房屋建筑面积

41.9%的村民期望120～160平方米的房屋建筑面积，24.3%的期望有80～120平方米的房屋建筑面积，只有7.7%的接受80平方米以下，可见大多数村民对于房屋的需求至少80平方米（见图6－15）。

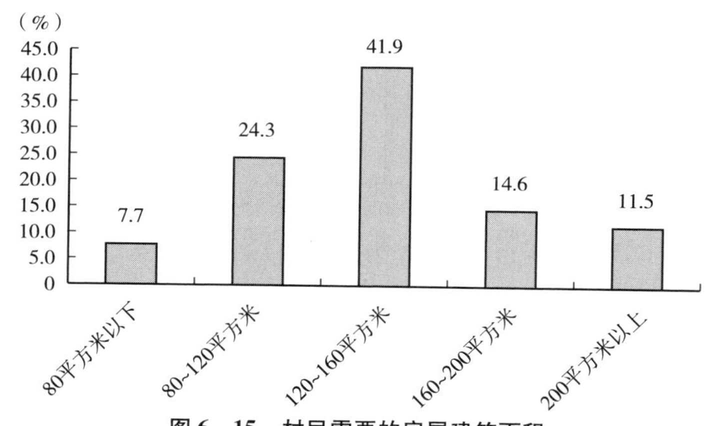

图6－15 村民需要的房屋建筑面积

15. 村民认为农村新型社区建成后土地如何管理

村民土地预期管理方式52.8%是自己种植，28.0%的流转或出租，其他预期管理方式占比较少（见图6－16）。

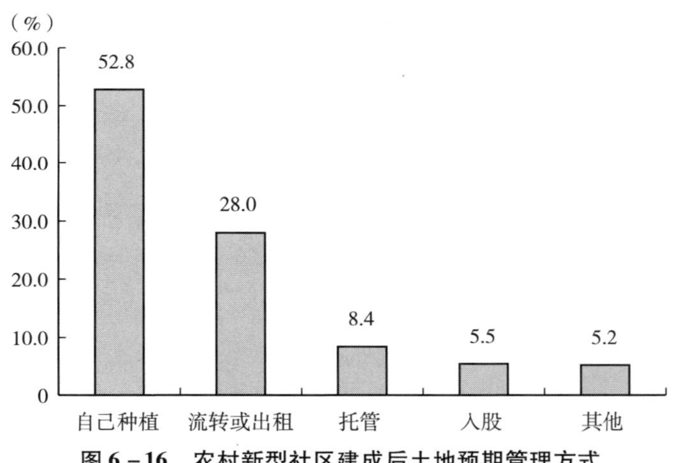

图6－16　农村新型社区建成后土地预期管理方式

16. 村民在新村建成入驻后采取什么样的就业方式

有44.0%的村民将会选择就地务工，22.8%的选择外出打工，21.3%的选择自主经营（见图6－17）。

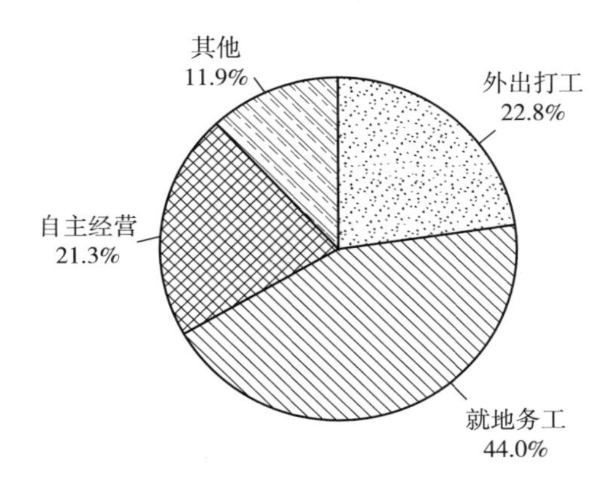

图6－17　新村建成入驻后预期采取的就业方式

17. 村民认为搬进农村新型社区后哪些条件得到改善

31. 2% 的村民期望居住环境好，28. 7% 的期望方便生活，24. 1% 的期望新房条件好，只有 10. 3% 的期望适合就业创业。

18. 村民对农村新型社区建设是否支持

在村民对农村新型社区建设的支持度方面，62. 6% 的选择支持，20. 9% 的基本支持，选择不支持的占 16. 4% 。

第七章

中外乡村人居环境建设历程研究

人居环境科学的概念起源于希腊学者道萨蒂亚斯的人类聚居学理论，该理论被概括为 The Science of Human Settlement。道萨蒂亚斯从广义上界定了这一领域，认为它是人类为适应生活而对地理空间所作的规划，旨在满足基本生存需求，并依据人口与土地面积的对数比例，划分出十五个基本单位和三个层级。他进一步阐述，人类聚居环境由自然要素、人类活动、社会结构、建筑设计及支撑性基础设施这五大根本成分构成。时间推进至 20 世纪 80 年代初期，中国科学院院士吴良镛在此基础上发展出一种新的人居环境科学理念，该理念围绕人与自然和谐共存的核心构建，具体划分成自然环境系统、人类行为系统、社会文化系统、居住形态系统以及维系系统的五大子系统，这些系统间彼此交织、互为依存，共同作用于并塑造着人居环境的演进与发展。

长久以来，学术界对人居环境建设的探讨多聚焦于城市区域，相比之下，农村领域的研究显得较为匮乏。该领域横跨多个科学范畴，导致关于农村人居环境的界定至今尚未达成共识。农村人居环境建设囊括了广泛的农村基础设施改善、公共资源与服务的提供及制度性建设，是构成社会主义新农村建设的关键组成部分，从环境、物质条件、精神文明、制度建设四个维度为打造宜居乡村提供全面支持。创建宜居乡村与改善农村人居环境相辅相成，两者在内容上多有重叠，彼此推动、协同演进。自 2005 年中国政府明确提出“建设社会主义新农村”的方针以来，农村居住环境得到了显著提升，为宜居乡村的建设奠定了坚实基础。在此基础上进一步提出的“美丽乡村”理念，是对农村人居环境建设目标的深化与扩展，赋予了其更深层次的意义与更高的标准。

第一节　国外乡村人居环境建设历程研究

乡村人居环境建设在工业化进程和城市化进程中，构成了各国发展蓝图中的关键环节。在此进程中，改善乡村居住环境成为基础且核心的议题。当前，若干发达国家已积累了乡村居住环境优化的成功实践经验。尽管各国在推进此项目时面临的国情基础与发展模式各具特色，但通过借鉴这些国外的正面经验和反面教训，无疑能为构建具有中国特色的社会主义新乡村居住环境提供宝贵启示与策略支持。

一、国外乡村人居环境建设历程

1. 韩国新村运动中的人居环境建设

20 世纪 70 年代起，韩国政府发起了一场旨在塑造新乡村面貌的社会实践——新村运动。该运动秉承着“勤勉、自助、协同、奉献”的核心价值观，实现了农民自主努力与政府扶持的有机结合，共同致力于农村地区的全面革新。这场运动在短时间内成效显著，不仅加速了韩国的工业化进程，还从根本上扭转了农村的贫困落后状态，有效缩减了城乡发展差异，为迈向农业现代化及农村城镇化铺设了坚实的道路。

20 世纪 60 年代末至 70 年代初，韩国在强力推动工业化国家战略的引领下，经济领域实现了显著增长。然而，这一进程中也逐渐暴露了工农业发展不均衡的问题，具体表现为农村劳动力大量外流、人口结构老龄化趋势明显、道德观念滑坡及经济贫困落后现状加剧。据统计，截至1970年，约有250万户农家，其中八成仍居住于简陋的茅草屋中，电力供应仅惠及20%的农户，通往乡村的道路建设普遍滞后，而在总计5万个自然村落中，仅有60%能够通行汽车，这些因素共同构成了国家整体发展的瓶颈。鉴于此严峻形势，1970年4月，时任韩国总统朴正熙亲自发起了一场以“勤奋、自立、协作”为核心价值观的农村复兴运动，旨在从根本上扭转农村的落后面貌。

从政府行为的视角审视，1972年新村运动启动之初，韩国政府即已设立中央协议会，该机构旨在统筹协调新村运动中跨政府部门的具体实施工作。此外，自市政府至村级政府层级，皆成立了相应机构并配置专责人员，以保障政策的顺畅执行。在此基础上，构建了一套严谨的考核体系，实行每月审核乃至每日报告的制度，借助政府的权威力量来强化工作执行力。为有效支持基层领导层的工作推进，新村运动筹备阶段，地方政府倡议每村组建村庄发展委员会。同年，中央政府亦成立了中央研修院，旨在为村庄领导者提供必要的培训资源。

值得强调的是，在新村运动进程中，政府对农民的直接物质援助较为有限，而更加倾向于促进政府引导与农民自主性建设的有机结合。具体而言，政府与农民共同携手推进水利工程及公共场地等基础设施的建设工作。在运动的初始阶段，政府的主要贡献体现为向村民无偿提供水泥和钢筋；反之，农民则通过捐赠土地和投入劳动力的形式，积极参与到村庄道路、桥梁构筑及居民住房的建设中。

在农民建设的引导进程中，政府向农民普及了诸如“勤劳”“自立”“合作”等理念，旨在培育农民的自立自强意识与团队协作精神，激励他们依托自身努力来提升生活条件。同时，政府通过将村落分类为自治村、自强村、基础村等，并实施一套系统化的激励机制，有效激发了全国农民的建设热忱。尤为值得一提的是，韩国前总统朴正熙，在其定期举行的经济月度评审会议中，总会有两位农民成功典范受邀出席，并在会议结束后与之共享午宴，此举措极大地增强了农民的荣誉感与参与积极性。

在1980～1988年新村运动的后期发展阶段，着重激发了农民的参与积极性，期间运动的主导力量逐渐从政府过渡到农民自身。此阶段标志性的进展是成立了覆盖全国范围的新村运动民间组织，原先由政府承担的宣传职能转由这些民间团体执行，而政府则扮演规划、协调和服务供给者的角色，辅助以物资和技术支持。至这一时期末，乡村居民的生活标准已大体接近城市水平。自1988年后，政府逐步淡出直接领导层，标志着新村运动完全演变为一项农民自发驱动的社会行动。

2. 日本农村振兴运动中的人居环境建设

第二次世界大战期间，日本经济遭受重大挫折。战后，该国将重心置于城市重建与发展，这一进程伴随着城乡差异的日益显著。乡村区域逐渐面临老龄化加剧、人口稀疏、农田撂荒及资源未充分利用等一系列挑战，导致农业生产能力持续下滑。进入20世纪70年代，全球石油危机再度对日本经济构成重击，农村经济体系濒临崩溃，迫使日本加速推进其农村振兴举措。

日本乡村复兴的历程贯穿了两次重要的运动阶段。首次尝试发生在20世纪60年代，旨在推进乡村复兴，但由于过度效仿西方模式，实际成效未达预期。吸取这一时期的教训，日本在70年代末期成功推行了“造村运动”，此番举措在国家财政紧缩的背景下，更侧重于激发基层的内生动力。该运动的核心策略涉及发掘本土特色产业潜力、依托农业协同组合的金融服务体系以及促进文化和教育事业的繁荣。经过逾20年的持续推进，“造村运动”有效缩减了城乡居民生活质量的差异，提升了农民群体的文化生活水平，并逐步将影响力从乡村扩展到了城市区域。

于两次农村复兴运动期间，日本均表现出对提升农村居住环境质量的深切关注。在1969年与1977年颁布的国家综合开发规划文献中，强调了强化及维护富含文化底蕴的人居环境之核心地位。此间，日本政府还为应对农村废弃物处理设定了详细规范，例如，在1986年明确了关于农村污水排放管理的导向方针，并于1991年推行了旨在加速此进程的“都道府县代理制度”。据统计，至2005年3月，该制度实施完成度已达85.8%。此外，从法律及财政层面，日本政府也为农村居住环境的改善工作给予了充分支持。自1975年起，政府对农村生活基础建设项目的财务投资比例逐年递增，直至2002年，此类投资占比已增至30%。

在日本，政策与财政扶持为根基，构建了一套全面的社会保障体系，惠及农村居民。该体系特色在于通过农业协同组合（农协）推行的共济年金计划，囊括了农户社会保险及应对自然灾害的风险保障；此外，自1971年起实施的农业从业者退休金制度，进一步巩固了安全网。与此同时，面向农村区域的护理保险机制，特别关注于65岁以上老年人的需求，体现了制度设计的人文关怀。至20世纪末期，日本成功编织了一张覆盖全国农村的福利网络，该网络在医疗保健与养老保险方面已臻完善，标志着一个相对健全的基本保障体系的成型。

此外，日本致力于为农民构建积极向上的精神文化环境。除了市町村章和市町村民宪章之外，一些乡村还特选树木、歌曲等作为其象征，旨在加强村民间的集体归属感，孕育独特的地域文化。为了维系和推动乡土文化的传承发展，各地纷纷举办祭祀、庆典及探寻宝藏等多种活动，以此途径增进居民对本土文化的认知。例如，三岛町自1981年起推广的“生活工艺运动”，便是由町内居民自主构思并描绘“三岛町的一天”，通过将传统工艺融入现代生活方式，使居民深切体会到传统文化的魅力所在。在此建设进程中，为了培育兼具高素养与现代化意识的农民群体，日本政府积极倡导非官方力量参与农民教育事业，免费开设补习课程，旨在提升农民的文化素养和技术能力。

3. 英国环境治理模式中的人居环境建设

作为工业革命的发源地及资深资本主义经济体，英国早在20世纪中叶至后期已圆满达成农业领域的现代化转型。从1930年农业劳动力占全国劳动力总数的6%，具体人数为125.8万，到1965年比例降至4%，乃至1978年进一步减少至2.2%，这一连串显著变化凸显了英国农业发展的高效性。然而，与工业化飞速推进相伴而生的是严重的环境污问题，尤以1952年发生的“伦敦烟雾事件”最为痛心疾首，成为历史上一抹难以抹去的伤痕。

相比于城市区域，农村地区的环境退化问题显得尤为严峻。随着都市人口密集度增加及诸多问题的涌现，市民纷纷向往农村的恬静生活，促成了“逆城市化”趋势的形成。这一趋势使得大批次城市居民涌入农村，对当地生态环境构成了巨大挑战。对此，英国政府实施了一系列应对策略，早自1944年颁布的《乡村供水与污水处理条例》，便着手处理饮用水安全与污水治理问题，并为之配备了财政扶持。继而，1947年出台的《城乡规划法案》实现了土地开发价值的国营化，旨在加强对土地使用的规制。此外，1949年的《国家公园及乡村享受法》侧重于维护农村的自然生态与人文景观的保护。得益于这些持续的努力，至20世纪90年代中叶以后，农村环境呈现出显著的改善态势，同时也极大地推动了乡村旅游与文化产业的兴盛发展。时至今日，英国的环境保护政策越发倾向于维持保护与开发两者间的平衡策略。

4. 德国乡村转型模式中的人居环境建设

第二次世界大战结束后，德国的工业化进程急剧加速，但这一时期也见证了城乡发展不平衡加剧及东西部地区间显著的差异，同时，传统的乡村聚落遭遇了前所未有的毁坏。面对这些复杂而紧迫的挑战，自20世纪70年代起，德国政府着手实施了一项名为“更美乡村”的综合性乡村振兴战略，旨在推动农村地区的全面转型与复苏。

于转型期中，德国采取政府引领策略，并广泛纳取居民及社会团体的意见，构建了政府、民众、团体三方面协同作用的运作模式。作为联邦制国家的典型，德国在处理农村事务上建立了涵盖联邦、州、地方三个层级的政府管理体系，各层级权责界定清晰。

地方行政机构在建设和维护公共设施方面扮演着核心角色，因其直接贴近基层民众，故能更高效地吸纳民众的意见反馈，保障农村发展策略紧贴当地农民的真实需求，同时保护并维持地方特有自然景致与人文景观的原貌。

省政府担当着为下级政府供给资金与策略扶持的职责，并执行监督功能。它们拟定区域性的发展规划，但并不强加具体的发展模式于地方，确保了地方政府拥有充分的自治权限。例如，巴伐利亚州通过《巴伐利亚州通过土地整理与村庄更新促进农村发展的纲要》为乡村发展确立了导向，同时保障各地方政府在顺应整体区域规划的基础上，能依据各自的实际情况灵活施政，推进建设。

政府层面，尤其是联邦层级，承担着制定综合性策略的重任，旨在为农业生产者提供全面的社会福利与安全保障。通过颁布如《空间秩序法》及《土地整理法》等一系列法规，联邦政府确立了国家领土管理和建设规划的法律基础，从而保障了乡村发展的规范性和持续性进步。

步入20世纪90年代以来，德国的乡村建设已然顺利达成其预设目标。在此基础上，未来的发展蓝图越发倾向于可持续性，着重强调了文化、旅游及休闲活动的重要性，为农村区域铺设了一条稳固的长远发展道路。

二、国外乡村人居环境建设经验

1. 优先改善生态环境

农村人居环境构建的基石在于环境治理。环境条件的良莠直接关乎居民的生活品质，从而凸显了自然环境优化对于提升区域居住环境的重要意义。回顾全球农村改造的历史轨迹，我们清晰地看到，与农村居民日常生活息息相关的自然生态改良历来被视为优先事务。这一策略的根本目的，在于确保农村社群能够享有更为健康、宜人的居住环境。

在韩国新村运动的初期阶段（1971～1978年），政府着重将财政资金导向农村基础设施的建构工程，尤以住宅及道路交通为重。截至1975年，全国已顺利建造逾六万五千座桥梁，并保障每村铺设了至少两至四公里的硬化道路。步入20世纪70年代后期，除却极个别的边远地区，韩国几乎所有村落间均实现了道路网络的互联互通，这一举措极大增强了农村的交通可达性和区域联结性。反观以英国和德国为先驱的欧洲诸国，鉴于其农村居住环境改善项目萌芽于城市环境急剧恶化的背景下，相较于发展中经济体，这些国家更加侧重提升农村居民的生活质量，并致力于保护农村作为自然环境保护区的角色，通过法律等机制来防范土地、水资源等自然资本的过度开发与利用。针对于乡村城镇化进程末期普遍出现的城市人口向乡村回流，以及随之而来的人口激增对乡村环境与基础设施构成的压力问题，多国政府已制定保护性政策措施，其中英国的《国家公园和乡村通道法》即为典型例证，有效地维护了乡村地区的生态环境资源。

英国与德国在农村转型的深化阶段，均已培育出具有本土特色的农村休闲文化产业。相较于日本后期的造村运动，虽起步强劲却因对环境保护的初步忽视，导致其发展受制于生态环境的局限而步伐放缓，这一对比从正面与反面阐明了预先优化自然生态环境对于区域经济持续、健康发展的重要性。这一国际经验，无疑为中国在规划农村发展战略时提供了宝贵的警示意义，强调了在追求经济发展的同时，必须将生态保护置于优先地位。

2. 保障发挥农民主体性

农村居民直接受益于农村居住环境的改善举措，而历史上遗留的问题导致多数地区农村与城市环境存在显著差异，进而激发了农民对于提升自我居住条件的强烈愿望，成为农村建设进程中易于激活的动力源泉。强调激活农民的主体意识，确保其基本权益，对农村长远发展具有积极意义。在此方面，日本与韩国提供了值得借鉴的成功案例。

最初成立于1947年的日本农业协同组织（以下简称农协），作为农民权益的代表机构，在日本农村社会结构中根植已久，扮演着农村发展进程中的核心角色。时间追溯至 20 世纪 70 年代末，一场由基层民众自发推动的“造村运动”蔚然成风，此间政府并未直接介入，既未下达具体管理指令，亦未统一调配财政资源，而是农协承担起了组织、引导及规划的重任，确保农民利益最大化。从这个意义上讲，农协在日本有效代言农民利益，对农村建设取得的显著成就贡献良多，实证了农民自身蕴含的巨大活力与创造力。因此，确保农民利益得到保障，有效激发农民的积极性，被视为农村建设成功之关键所在。

此外，在韩国新村运动的初步阶段，受到韩朝对峙的影响，国家财政的大部分被划拨至国防领域，导致投入农村基础建设的资金相当匮乏。因此，政府对基础设施建设的支持主要体现为供给建筑材料，而土地和劳动力则几乎全部依赖于村民自身。这一进程中，若非以韩国总统为首的政府官员坚持不懈地对农民进行激励与教育，新村运动的推进将面临巨大困难。另外，由于韩国自 20 世纪以来连年战乱，农村地区普遍存在贫困和自卑心态。新村运动期间，村民们凭借自身努力，自主完成了绝大多数道路和住宅的改造工程，这一成就有效打破了农民内心“无能为力”的心理枷锁，极大提升了他们的自尊心与自我奋斗意识，农村社会的精神风貌得到了显著提升。这一变革不仅为韩国整体人力资源的素质提升做出了重要贡献，其对国家长远经济发展的潜在影响更是无法估量。

3. *以长期发展为政策导向*

农村地区居住环境的改善极大程度上依托于政府政策的指引，尤其是在初期的整治改造阶段，管理的愿景与政策措施对农村整体建设的进度与周期产生深远影响。因此，着眼于长远发展的政府引领对于推动农村居住环境建设具有不可小觑的重要性。

在韩国，以朴正熙总统为主导的政府自新村运动初始阶段便展现了积极的推动力。政府各部门在总统的引领下紧密协作，为农村居民提供了包括税收减免、贷款便利及政策扶持在内的多项支持措施。通过行政机制的有效介入，实现了对该运动的协调、服务与引导功能。

总统本人亲历其境地参与领导事务，并将新村运动的实施成效纳入了各地公务员业绩考核的范畴。此番政府行为为改善农村居住环境的项目奠定了坚实的政策基础，而在政府的深度参与和引领下，农村居住环境改善工作的规划与执行实现了效率最大化，有效缩减了决策过程中的成本消耗。

日本乡村发展的进程紧密伴随政府推行的一连串法规与规划举措。这些周密构建的法律体系，旨在保障农民权益的同时，也为政府、农民及社会各界组织从事合法建设活动确立了坚实基础，进而促进了农村居住环境改善工作的高效推进。

英国已构建起一套详尽而严格的法律政策框架以保护农村环境，并设立了环境、食品与农村事务部、环境署及地方层级政府的三重管理体系，促成了一个较为完备的环境管理模式。此外，英国还协同联合国与欧盟实施了一系列环保法规，并发展出一套全面的风险事故紧急应对机制，为日后的农村环境保护工作降低了成本开销。

德国在支持农村人居环境建设上的一个显著特点是，各级政府间权限与职责界定清晰。这种权责明确的政府架构极大减少了工作中可能出现的责任推诿与不作为现象，有效缩减了管理开支。考虑到中国拥有三十多个省份以及数千个市县的复杂行政体系，明确界定各级政府职能显得尤为重要，借鉴德国经验尤为迫切。此外，英国、德国等欧洲国家作为法治传统深厚的国家，政府行为严格遵循国家法律法规，展现出高度的法治精神。其运作基于健全的法律框架，进一步减小了行政管理漏洞的存在空间。

值得留意的是，从众多国外农村人居环境改善的实例中可以看出，各个国家乃至地区之间卓有成效的建设策略各有千秋。直接将他国或地区的成功经验照搬到我国，往往会因“地域适应性”问题而收效甚微。盲目的效仿与无序的建设只会导致建设与破坏并行的不良态势。因此，在推进农村人居环境建设的过程中，必须立足于本国的历史传承与现实情境，探寻一条贴合各地实际需求的发展道路。

专栏

东亚乡村转型对中国乡村振兴的启示*

随着乡村振兴战略的提出，人们对乡村的关注视域拓宽。对已经历过转型的日本、韩国等东亚经济体进行再审视，厘清东亚转型中乡村变迁的基本特征，对当下中国的乡村振兴有一定的借鉴意义。

东亚乡村转型的主要特征

重新审视东亚经济体乡村变迁的典型事实，可以得出以下结论。

第一，东亚乡村走出了一条不同于西方城乡转型的路径。按照经典路径，通过加快城市化将人口集聚在城市，农民转变为职业农民或者产业工人，实现乡村转型。这一路径由于过于注重城市化，忽略了乡村和村庄本身的发展，导致乡村和农民的衰弱。

重新审视东亚乡村转型的事实发现，东亚经济体同样经历农业份额下降以及乡村人口减少，却没有发生土地规模化、农业专业化、农民职业化以及传统村庄的普遍终结，而是在小规模农地经营基础上实现了农业工业化，农民通过大量的兼业活动走向职业身份的多角化，村庄也因经济活动的丰富以及公共服务的提供而实现体面存续。

这一发展道路使东亚城乡差距没有持续扩大，农民和乡村、农业也没有“断根”，村庄依然是经济活动和生活空间的重要载体。由此可见，东亚城乡转型模式并非依靠单向城市化模式，而是注重城乡均衡发展。

第二，规避城乡差距扩大的关键是赋予农民在城乡多样化的经济机会。东亚在现代化进程中没有出现城乡差距的持续扩大。究其原因，东亚并非依靠持续提高城市化率的唯一路径，而是伴随城乡转型，城乡经济机会不断向农民持续开放，农民收入渠道不断拓宽。在农业收入份额下降、非农收入份额上升的一般规律下，通过乡村基础设施的完善、城乡联系的加强以及乡村产业的发展，农民从事各类经济活动

* 刘守英，陈航．东亚乡村转型对中国乡村振兴的启示，https：//cj. sina. com. cn/articles/view/1893892941/70e2834d02001ci9i，2023－01－18/2024－07－18。

的机会增多，农业之外收入日趋稳定增加。

此外政府也重视对农民的社会保障和福利服务，例如，日本的农民年金制度等，促使农民的转移性收入显著增加，加上农民财产性收入的分享，使农民的收入来源呈现多样化趋势。

收入多样化的背后是东亚农民的职业和身份特征的多角化，他们既没有走向职业化或专业化，也没有完全脱离农业和乡村，而是从事农业之外还兼顾在城市或乡村的非农工作。这一职业身份的独特特征使得农户既分享了与城市居民相同的各种收入机会，也在乡村获得了各种收入机会，有效规避了城乡差距的扩大困境。

第三，促成要素组合升级而非单一要素替代促进农业发展。人多地少的禀赋特征及根深蒂固的小农传统，使得东亚推进规模化的努力难以成功。在小规模农地经营的基础上，东亚农业没有走向机械替代劳动的单一过程，而是根据要素价格的相对变化，不断调整并促成劳动力等短缺要素与各类现代要素的有机结合和适度配比。伴随农事组合、农业公司等经营主体的参与，以及各类农业经济组织的发展，农业社会化服务的范围扩大，农民的组织化程度提高，为各类要素在更大范围内的优化配置提供支撑，促使农业生产方式也产生持续性变革，从而实现农业生产率的提高和农业报酬的增长。

第四，村庄功能的存续和拓展是东亚乡村转型的独特特征。东亚乡村的人口减少虽然造成了部分地区的过疏现象，村庄数量发生削减，却没有导致村庄普遍陷入凋敝或走向终结，而是通过不断适应村落发展过程中农户减少、非农户增多、生产生活需求多元化等特征，村落形态发生变化并实现功能拓展，成为东亚乡村体面的重要支撑。

一方面通过引进工业企业、建设农工园区、促成农业六次产业化等，鼓励农民扩大事业范围，从事多元化的生产和经营，提高乡村经济的复杂度。

另一方面依托政府对乡村的大量投资，实现城乡基本均等的公共服务，重视对乡村的基础设施投资，从道路、通信、电气、物流等多方面进行村庄风貌建设，建成以养老保险和健康保险等社会保险为主的乡村社会保障体系，为农民参保提供相应的补贴和优惠政策，解决了农民务农的后顾之忧。

东亚乡村变迁及转型对中国乡村振兴的启示

通过城乡平衡发展缩小城乡差距。据测算，中国即便是城镇化率高达70%，仍有4.5亿人生活在乡村，解决城乡差距必须改变单向城市化思维，改变农民收入结构单一、收入来源受限的局面。借鉴东亚经验，着力拓宽农民增收渠道，不仅要破除制约农业收入增长的藩篱，促使农民务农的单位土地报酬提升，还要在城市和乡村赋予农民更公平的经济机会，促进农民农外收入形式的多样化，同时也要注重对农民的转移支付，保障农民享有均等的社会保障和福利服务，实现农民分享财产性收入。

促进农业产业革命提升农业竞争力。中国农业同样受制于东亚小农传统，土地细碎化现状难以打破，单个农户固守落后的经营方式，生产经营过程中投资力度小，抵抗风险能力较弱，农业竞争力不强。可借鉴东亚在小规模农地基础上实现农业工业化的经验，采取相应制度安排营造更好的农业要素市场环境，引导各类新型经营主体和现代生产要素进入乡村，以农业技术进步、经营方式创新以及合作组织发展为突破口，促成现代要素和传统要素的配比优化和协调一致，实现在农业领域的有效配置和高效利用。

通过城乡权利开放富裕农民。东亚经验证明，农民的完全职业化并非最优选择，更为根本的是促进城乡权利朝向农民的持续开放，给予农民更多元的经济机会，使得农民能通过各种途径增加收入来源。同时兼业化的小农需要与现代农业有效衔接，依靠强大的基层农民组织，引导各类要素进行有机配合，激励农民参与多种形式的合作生产和共同经营，提高生产效率并实现组织内的共同利益。

通过村庄的体面实现村庄在乡村振兴中的载体功能。根据东亚经验，要顺应村庄形态的自然演变及乡村居民的需求变化，促进乡村功能的拓展。一方面引导乡村内部组织发生变化，实现对乡村资源的有效统筹，并充分引导各类社会、经济组织进到乡村，发挥增加就业、激活经济等的作用；另一方面不断促成以农业为核心的产业融合发展，根据乡村的资源禀赋特征着力培育适合本地的非农经济，实现乡村经济的多样化和复杂化。此外，政府要持续保持对乡村的公共投资，实现城乡公共服务均等化，引导乡村的体面发展。

第二节　中国乡村人居环境建设历程研究

中国乡村人居环境的构建主要依赖于政府的引导力量，并紧密跟随国家政策导向。自 20 世纪 50 年代以来，为了加速从农业生产国向工业生产国的转型，中国采取了工农产品价格差异及大量动员农村剩余劳动力参与基础设施建设等策略，这一过程伴随着从农业中提取剩余价值及向农村转嫁经济压力的现象，进而固化了城乡二元结构并加剧了“三农”问题。尽管随着社会生产力的不断提升，农村人居环境有所改善，但其发展步伐和水平长期受限。中共十六大报告明确指出，农村地区的全面发展是建成小康社会的关键与挑战所在，基于此，国家策略进行了重要调整，工作重点逐渐偏向农村，标志着中国农村人居环境建设步入一个快速增长的新纪元。优质的人居环境对于保障农民健康、提升生活品质至关重要，同时，它也是维护农村生态平衡、驱动乡村振兴的基石。为了系统解决农村地区人居环境的突出问题，并加速推进美丽乡村愿景的实现，国家相继实施了一系列政策与举措。

一、中国农村人居环境建设稳定恢复期（1949～1957 年）

中国传统自然经济的自给自足特性促使古代乡村社会结构多体现为村落聚居形态。在这种背景下，“天人合一”的生态观念深远地影响了古代乡村居住环境的营造，其特点在于侧重于私家宅院及内部庭院的建设，这些通常取决于土地持有者的个人规划与建造意愿。其中，苏州园林建筑便是这种理念下住宅建设的典范案例，展现了人与自然和谐共融的设计哲学。

鸦片战争以后，中国频繁遭受外强侵略及军阀纷争，导致国土满目疮痍，农村区域尤甚，资源遭持续掠夺，社会秩序紊乱，民众生活困苦。直至中华人民共和国的成立，新政府高度重视农村之振兴，实施了多项举措旨在稳固并提升农村的社会经济面貌，从而逐步推动农村居住环境向良性状态复苏。

在党和政府的引领下，首先顺利实施了土地改革政策，通过均衡的土地分配机制达成了“耕者有其田”的目标，并且兴建了一批水利、电力等大型基础设施项目，有力地保障了民众的生活需求。此外，开展了一系列社会改良举措，比如，旨在提升公共卫生环境的“除四害”运动；建立健全了合作医疗体系以护航人民健康；通过建立农村广播网络、夜校及冬季学校等措施，致力于提升农民的思想文化水平；旨在改变农村的贫困与落后观念。上述各项工作的历史成效虽有差异，但无疑都为社会稳定及经济的持续发展奠定了坚实的基础，贡献显著。

此阶段由党引领的政府工作有效地保障了农民权益，提升了农村的生活与生产条件，但因生产力水平的局限性，乡村居住环境的建设依旧滞后。同时，在环境保护意识及措施不足的情况下，加之侧重经济增长、大规模开发利用自然资源的政策导向，为日后的环境挑战埋下了风险。

直至1953年底农村土地改革尘埃落定之际，中国共产党着手引领农民由个体经营模式向合作化路径迈进。通过实施互助组与农业生产合作社的运动，新近分配到土地的农民在短短三四年间迅速过渡到了土地集体所有的人民公社体制之下。此时期，农村生产资料实现了全面公有，农村经济活动趋向于高度集中与统一管理，而乡村居住环境的建设责任也从个人转交给了兼具行政与社务职能的人民公社组织。

二、中国农村人居环境建设初步发展期（1957～1978 年）

1957 年完成的三大改造标志着社会主义制度框架的基本奠定，彼时中国顺利实现了从生产资料私有制向社会主义公有制的过渡。此阶段持续至 1978 年农村经济体制的重大改革，期间，计划经济体系与人民公社制度成为主导力量，构建了该时期的社会经济特征。在此背景下，农村人居环境的改善主要体现在三个方面：社会主义制度的进一步完善、民众生活水平的稳定提升，以及生活与生产资料的逐渐丰富。

人民公社制度下“一大二公”的组织形式对农村建设产生了深远影响。该制度实现了生产资料，特别是土地的集体化所有，与此同时，劳动力资源被整合由生产队集中调度，公社全面负责生产规划、劳动力配置、物资流通及产品分配，甚至将农民的个体行为纳入人民公社的管理体系中，从而导致延续千年之久的基于村民自治的传统人居环境建设模式，转变为由人民公社统一规划与执行的新格局。此时期，国家的政治力量全方位渗透进农民的生产生活，标志着中国农村人居环境建设进入了一个以“政府为主导”的高峰期。

人民公社时期农村居住环境改善的主要成果体现在以下几个方面：首先，得益于人民公社体制下集中领导的优势，公社能够有效整合资源，提升管理效能，确保了公共设施供应的持续性和高效性。其次，政府加速推进了农村社会事业发展进程，建立起一套以政府为引领、结合农村集体力量与农民参与的教育、卫生、社会保障及文化制度体系。最后，国家日益认识到经济发展同居民生活环境之间的紧密联系，因此大举兴修农田水利工程，强化水土保持措施，这不仅促进了农业生产条件的改善，也显著提升了农民的生活质量。

人民公社时期农村居住环境改善工作的不足主要体现在以下几个层面：首先，该时期受到僵化计划经济体制及均等化分配思维的制约，农民生产的积极性经历初期的高涨后显著下滑。国家采取的“农业哺育工业”战略导向，导致农业资源大规模流向城市与工业部门，长此以往，资源总体量缩减，难以维系公共物品的有效供给。其次，在“大炼钢铁”等重工业优先政策的推动下，全国范围内对自然资源展开了无序而过度的开采，匮乏有效的监管机制，环境质量因此急剧下降。已形成的严峻污染现状与国家经济迅猛发展的迫切需求，共同为环境保护工作带来了巨大挑战。最后，20 世纪五六十年代，受特定人口政策的驱动，人口数量呈爆炸式增长，对环境资源的需求激增。国家为遏制农村向城市的人口大规模迁移，实行了严格的户籍限制政策，限制农民自由流动至城市。这种人口压力、经济发展压力与环境退化压力的三重叠加，加之农民居住与迁徙自由受限，显著降低了农民的生活质量和满意度水平。

综合来看，这一时段内社会的和谐稳定与经济的持续增长，为推进农村居住环境的改善创造了有利条件。国家在农村普及并加速了教育、卫生、文化和社会保障体系的发展，这一系列举措显著增强了农村治理效能与居民的文化素养；与此同时，科技进步的浪潮有力地促进了物质生活的进步；城乡居民的生活稳定性增强，物质条件与精神生活水平均有提升，显示出农村居住环境建设正处于一个全面上升的阶段。

三、中国农村人居环境建设缓步发展期（1978～2003 年）

自改革开放以来，中国经济经历了快速增长，伴随着人民生活水平的显著提升，科学发展的观念日益深入人心，进而极大地推动了人居环境建设的迅速发展。

自政府介入的透视分析，1979 年颁布的《中华人民共和国环境保护法》（试行）成为了中国环境保护事业法治化道路的里程碑。1973 年创立的“国务院环境保护领导小组办公室”，历经 1984 年的更名，转为国家环保局（直至 2018 年升格为生态环境部），这一系列举措明确地将环境保护纳入政府职能范畴之内。随着时间推移，政府对于环境保护的治理力度持续增强，至 20 世纪尾声，基本上抑制了环境污染恶化的趋势。从农村精神文明建设的维度观察，自改革开放时期起，在党和政府的深切关注下，通过着力推动重点文化项目、多样化组织农村文化活动、培育农村文化市场的活力、普及文化下基层活动，显著提升了农民群体的精神文化生活水平。

此阶段的乡村居住环境改善工作在社会生产力进步与民众生活品质提升的推动下取得了显著进展，然而，其发展步伐与经济社会的和谐发展尚存不匹配之处，且城乡文化发展的鸿沟依然悬殊。

农村基础设施建设和公共产品供应领域的差距问题尤为突出。伴随经济体制的深化改革，人民公社制度在农村地区逐渐淡出历史舞台，取而代之的是以家庭联产承包责任制为核心，融合统一经营与分散经营双重模式的新集体所有制经济体系。这一经济层面的变革引领了行政管理职能的重新定位，国家逐步减少对农民生产生活直接干预的角色，尤其在人民公社制度废止之后，农村居住环境改善的任务实质上转嫁给了地方乡镇政府乃至农户自身。在此社会经济全面快速进步的大背景下，农村居住环境的建设脚步却未能紧跟城市的步伐，两者间的差距不仅存在，且随着时间推移而日益扩大。

在实施了政社合一的人民公社体系背景下，农民居住条件的改善成本由国家承担，彼时人民公社作为一级核心管理机构，拥有集中的资源与稳定的政治经济机制。然而，随着家庭联产承包责任制的推进，乡镇政府对农民行为的直接管理逐渐放松，但仍需承担公共服务供给、经济运营和社会建设等多重职责。改革进程中，中央与地方财政的分离导致中央对地方的管控加强，地方可自主调配的资源急剧减少，同时面临向中央缴纳大量税费的压力，工作开展遭遇瓶颈。实质上，改革后的乡镇政府因基层财政紧缩，其工作重心多偏向于税收领域，而对于农村的文化教育、医疗卫生及居住环境改善等方面则显得力不从心。

农民作为人居环境建设的直接受益群体，其一方面因经济长期滞胀，在资源分配不均与收入初见起色的情况下，消费重心偏向于满足基本生活及生产需求，对于农村公共环境的关注和需求相对匮乏。另一方面随着户籍限制的放宽，农村劳动力大规模外出务工，直接削弱了农民参与改善公共居住环境的能力。在此背景下，政府监管的缺失与居民自我管理机制的不力，共同导致了农村人居环境改善进程的迟滞，甚至在某些层面出现了逆转趋势。

尽管自20世纪90年代中期以来，国家已陆续出台众多旨在促进城乡融合的政策措施，特别值得注意的是，从1982年至1986年，连续5年的中央一号文件均聚焦于农村政策领域，然而，城乡发展不均衡及工业优先于农业的问题并未发生根本性转变，农村居住环境的改善进程依旧缓慢。尤其是1994年实施的农村税收体制改革后，地方财政压力陡增，乡镇政府力有未逮，乱收费情况频发，对于农村人居环境建设的忽略问题越发严峻。伴随税制调整，逐步废止了农村义务工与劳动积累工制度，鉴于中国农田水利基础建设历来依赖农民义务工的支持，这一变动导致劳动力资源显著流失，进而对基础设施维护造成了不利后果，农村居住环境的改造挑战进一步加剧。

四、中国农村人居环境建设快速发展期（2003～2012年）

在国家经济持续稳步增长的背景下，城乡差距日渐显著，落后农村区域已成为制约整体经济发展势头的关键因素。为此，2003年政府颁布了《国务院关于全面推进农村税费改革试点的意见》，旨在应对这一挑战。2004年，中央一号文件重新聚焦于农村议题，这一举措明确显示了政府工作战略正逐步向农村地区倾斜，体现了政策层面的深切关注与战略调整。

2005年，第十届全国人民代表大会常务委员会第十九次会议作出决议，确定自2006年1月1日废除《中华人民共和国农业税条例》，此举象征着沿袭两千余年的农业税制度在中国历史上画上了句号，极大缓解了农民的经济压力。同年10月，中国共产党第十六届中央委员会第五次全体会议将新型农村建设提升为国家策略，为农村发展铺设了政策基石，预示着我国步入了一个以城市带动农村发展的新纪元。

这一时期，农村生活环境改善的新浪潮顺势而起。

首先，政府致力于扩展公共财政在农村地区的覆盖范围，自2005年起，中央政府显著增加了对农业农村的财政投资力度，有效缓解了农村公共服务供给极度匮乏的局面。从2003年至2013年的十年期间，国家对农业、农村、农民（“三农”）的财政投入持续大幅增长，中央财政总计规划了约6万亿元用于“三农”领域，年平均增长率超过了20%。[①] 这一系列举措极大地推动了农村教育、医疗卫生等社会事业的发展，强化了农民社会保障体系的支持力度，切实改善了农民的生活条件。

其次，国家实施了一系列政策措施，旨在促进乡村居民生活与生产环境的改良。在2006年，《中共中央 国务院关于推进社会主义新农村建设的若干意见》明确指出，应构建“生产兴旺、生活富足、乡风文雅、管理民主、村貌整洁的新农村”，着重强调了加强村镇规划及居住环境整治的重要性，将其视为新农村建设的关键任务之一。紧接着，在2007年的中国共产党第十七次全国代表大会上，以人为本、全面协调可持续的科学发展观被正式纳入党章，倡导遵循生产与生态和谐共进、人民生活富裕的文明发展路径，确保民众在优良的生态环境中安居乐业，从而达成社会经济的长久可持续发展。

最后，国家实施了一系列利民项目，旨在有效提升农村居住环境的质量。例如，在2006年启动的农村饮用水安全应急工程，同年，国家发改委联合水利部、卫生部等机构共同制定了《全国农村饮水安全“十一五”规划》，规划明确指出，在“十一五”期间需解决1.6亿农村居民的饮水安全问题。此外，自2008年起开展的农村危房改造试点项目，至2014年末，全国范围内已完成超过1500万户农村危房的改造工作。[②] 同年末，中央财政增设了农村环境保护专项基金，旨在促进农村环境的改善工作。

---

① 林万龙．从城乡分割到城乡一体：中国农村基本公共服务政策变迁40年［J］．中国农业大学学报（社会科学版），2018，35（6）：24－33．

② 中华人民共和国农业农村部官网。

截至2012年，中国农村的人居环境经历了显著的改良，大部分类别的村落已达成交通运输便捷、住宅稳固、饮用水安全及电力供应持续的目标。在此基础上，一些发展态势良好的乡村地区已迈出了探索的步伐，致力于挖掘乡村旅游资源的潜力，推动城乡一体化的快速发展策略。

五、中国农村人居环境建设历史飞跃期（2012年至今）

2012年党的十八大报告明确提出，解决农业农村农民问题是全党工作的重中之重，强调需加大对城乡统筹发展的力度，坚持实施工业对农业的回馈、城市对农村的支持策略；全方位提升农村的生活与生产环境；促进城乡在规划、基础设施建设及公共服务领域的融合，旨在构建一种新型的城乡一体化关系。党的十八大报告充分体现了党中央对“三农”问题的高度重视，这对农村居住环境的改善具有极其重要的意义。

在政策领域，中央连续颁布了多项文件，旨在强化农村居住环境的改善工作。2013年12月，中央农村工作会议指出，需继续推进社会主义新农村的建设，为农民建设幸福家园和美丽乡村[①]，此乃在原有新农村建设框架上，对“美丽乡村”这一更深层次目标的明确提出，亦是对农村环境改善提出的更新、更高的标准。随后，2014年5月，国务院办公厅颁布了首个国家级别的、专注于农村居住环境改进的指导文件——《关于改善农村人居环境的指导意见》，该文件不仅设定了总体目标，还明确了基本原则及实施路径。同年12月，标志着中国对“美丽乡村”及农村居住环境建设重视程度提升的另一个里程碑事件发生：《美丽乡村建设指南》国家标准起草工作正式启动，这是首部关于“美丽乡村”的国家标准编撰工作。2015年的中央一号文件再度强调，需持续不懈地推动社会主义新农村建设，使农村真正成为农民安身立

---

① 中央农村工作会议在北京举行，人民网，http：//politics. people. com. cn/n/2013/1225/c1024－23937047. html。

命的美好家园。从短期行动计划到长期战略部署，从简单的环境整治到全面提升，再从基础的脏乱差治理到追求乡村美学的升华，农村居住环境的管理已步入一个长效治理的新时期，其特征表现为治理模式从分散趋向整合，从单一向多元化发展，从临时性行动转变为常规性操作。在此过程中，一系列针对农村居住环境治理长期存在的薄弱环节，符合当前经济社会发展状况的制度设计应运而生，政策的制定越发专业、精确且细致，更加注重生态性、可持续性和特色保护的价值导向，明确指向美好的生活品质与“美丽乡村”的建设，为未来农村居住环境的治理勾勒出清晰的方向。展望未来，农村居住环境治理将迎来更广阔的发展契机，通过不断地优化与完善，加速实现农民向往的美好生活愿景。

第三节　中国乡村人居环境建设案例介绍

自“建设社会主义新农村”历史任务提出以来，各级政府按照“生产发展、生活宽裕、乡风文明、村容整洁、管理民主”的总体要求，坚持统筹城乡发展，中国农村人居环境建设取得很大成就。改善乡村人居环境是党中央高度重视的一项重要工作。早在 2003 年，时任浙江省委书记的习近平就亲自谋划、部署、推动了“千村示范、万村整治”工程。乡村环境整治要因地制宜，持续建设。党的二十大报告特别指出，提升环境基础设施建设水平，推进城乡人居环境整治，建设美丽乡村。2023 年的中央农村工作会议和中央一号文件把乡村人居环境整治提升作为核心工作进行具体部署安排。改善乡村人居环境是建设宜居宜业和美乡村的必然要求。党的二十大明确提出全面推进乡村振兴，建设宜居宜业和美乡村。宜居的关键是改善乡村人居环境。如果乡村出行不方便，如厕不卫生，环境脏乱差，就不可能算得上是宜居。宜居也是宜业的基础，安居才能乐业，兴业更能安居，乡村环境好了，发展才有本钱，绿水青山才能变成金山银山，乡村人居环境整治提升不仅提升了环境的舒适度，还能吸引人才资本等要素，拓展乡村的生态休闲等多种功能，让美丽环境转化为美丽产业、美丽经济、和美乡村。改善乡村人居环境是全面推进乡村振兴的有力抓手。全面推进乡村振兴是一项长期复杂的系统工程，乡村人居环境整治提升工作最能影响农民群众对生活品质的感受，最能争取基层干部群众的参与支持，整治成效最能直观体现乡村振兴的成色，可以有效地凝聚人心、增强信心。改善农村人居环境是美丽中国建设的坚实支撑。我们国家的国土面积90%以上都是农村，美丽中国不能没有美丽乡村，整治提升人居环境，扭转了乡村长期存在的脏乱差局面，初步实现了村庄环境干净整洁，舒适宜人，让乡村之美可感可及，提亮美丽中国、美丽乡村的底色，在全面建设社会主义现代化国家新征程上，我们要坚定不移地走乡村绿色发展之路，持续用力改善农村人居环境，让天更蓝山更绿水更清，实现人与自然和谐共生，铺展美丽中国的崭新画卷。

一、浙江省温州市新型农村社区建设实践

温州新农村社区建设的起点和载体是“千村整治，百村示范”。通过创新“乡镇政府—管理区—村庄”的社区建设，形成了由乡镇政府和社区组成的基本组织结构。社区领导由群众直接选举产生，党组织成员由党员直接选举产生。这削弱了村委会的作用，将城市基层和新农村的建设和管理结合起来。社区是基层改善的目标和方向。社会保障和人民调解、农林科技卫生、社区安全是服务建设的中心，这些内容应延伸到村庄。温州政府部门通过购买公共服务或外包来引导社会组织的发展。

温州成功地应对了农民住房难题及住地分散的现状，旨在促进农民集中居住，以便于管理和提供服务，还破除了“三分三改”（三分是土地、户籍和产权，三改是股改、地改和房改）的束缚制度，释放农民群体，更有效地推动城乡统筹发展。为此，温州地方政府实施了一

系列举措，这些措施不仅为新型农村社区的构建奠定了稳固基石，还加速了其建设进程。

温州市在新型农村社区构建过程中，采纳了一种创新的“转并联”模式：直接将村庄转型为社区，同步建立社区党的组织与居民委员会；当居民迁徙至中心镇的农村社区后，实行党组织与居委会的合并重组；多村携手共建跨村党的组织及社区管理委员会。从宏观视角审视，温州市的新型农村社区建设已迈出了积极的第一步。这一建设进程不仅搭建起了公共服务的新平台，有效承载了惠及民生的工程项目，还切实贯彻了科学发展的理念。随着新社区的成型，以往困扰农民的就医难题、文化生活匮乏、基础设施不足等问题逐一得到解决，政策落到了实处，民众在诸多方面感受到了实质性的便利。此举措不仅促进了社会的和谐氛围，也为社会主义事业的前进注入了动力。

新型农村社区构建的意义主要可以从以下几个方面展开论述：第一，基础设施建设持续加强，确保了道路、电力、供水的基本畅通，并促进了公共设施的健全与完善，尤其是在医疗卫生、文化教育等领域的基础服务设施得到了显著提升。第二，社区内居民办事效率获得提升，得益于政府设立的社区服务中心，特别是针对劳动保障和卫生计生领域，这些中心为民众提供了便捷高效的服务渠道。第三，社区生活丰富了老年人的精神世界，通过建立养老院及农村养老所（亦称为老年之家），不仅实现了老年的集中照护，还促进了老年人之间的交流互动，极大地增强了他们的幸福感。第四，社区建设对于社会稳定具有积极影响，随着专业管理部门的设置及人员配置的增加，为外出务工人员营造了良好的学习与集体活动环境，有效抑制了不良社会行为，为构建文明和谐社会打下了坚实的基础。第五，社区重视提升居民的学习锻炼机会，通过组织教育文化活动与志愿服务等多元化项目，不仅丰富了居民的文化生活，还促进了整个新型农村社区向更加民主文明的方向发展。

为有效实施“春泥计划”，需系统性地整合并优化资源配置。应充分利用现存的社会、村落、学府文化活动中心，以及党员活动室与家长学校等设施，通过修缮与整理，为未成年人的多元活动奠定坚实的物质基础。采纳多用途空间利用策略，探索并开发新的未成年人活动区域；同时，积极利用文化信息共享平台、远程教育资源等网络工具，构建网络教育新领域。此外，温州市各社区正加大对社区图书馆的资金投入，图书馆内部配置统一由拜得利家具慷慨捐赠，包括桌椅等基础设施，进一步丰富了未成年人的学习环境。

二、江苏省农民集中居住区建设实践

江苏省在推进农民集中居住的过程中，强调城乡统筹和因地制宜的原则，旨在建设资源集约、基础设施完善、乡村风情浓厚的农村新社区。各级党委、政府积极统一干部、群众的思想，遵循规划先行、分类指导的思路，采取多种措施推动农民向城镇社区和规划保留的集中居住点集聚。

为保障农民集中居住的顺利推进，江苏省各地加大投资力度，实施优惠政策，并出台了一系列政策意见和行动计划。在镇村布局规划上，全省已基本完成编制，严格控制规划外的新建和翻建农房。同时，南京、苏州等地通过试点和示范引导，完善基础设施和公共服务设施，引导农民向城镇和农民集中居住区集中。

在农民集中居住的具体方式上，江苏省积极探索了多种模式。其中，政府主导、企业带动的小城镇型模式依托大中型企业集团推动，形成人口集聚规模较大的工业化小城镇；以行政村为单位的就地建设模式则依托村办企业，形成工业组团为主的集中居住区；在农业为主的地区，通过规划建设农村集中居住示范点等方式，推进自然村庄的撤并，引导适度集聚。

在推进农民集中居住的过程中，江苏省高度重视乡村文化的保护和生态环境的提升。通过规划保护和塑造地方特色，营造浓郁的乡土风情。同时，调整城镇结构，集中配套工业开发区或镇级工业集中区，推行集中供热、污水集中处理等措施，提高生态环境质量。此外，农业规模经营和引入循环经济理念等措施也有效控制了农业面源污染，降低了农业生产的污染。

三、山东发展模式

1. 鲁东南地区潍坊诸城模式——服务完善型

（1）诸城模式的经验特征。

由于长期以来施行城乡二元体制，这种二元结构造成了城乡之间的长期割裂，城乡之间各类要素流通不畅，有限的公共服务资源大多集中城市，而农村社会发展滞后、公共服务短缺。针对所面临的新问题，2007 年，诸城创新性地提出了农村社区化发展战略，精心构建农村“两公里服务圈”，确保农村居民在步行或短途车程内，能够享受到与城市居民相当的高质量公共服务。这一战略不仅显著弱化了城乡之间的传统界限，还有力地推动了城乡均衡发展和深度融合。这一模式，具备以下基本特征。

第一，区域统筹、分类指导。诸城市精心策划了“1 城—13 镇—208 农村社区”的统筹布局，旨在构建“城、镇、农村社区”三者融合发展的新型村镇架构，以全面推动农村社区的进步。在中心城区，近郊农村被纳入规划，推动“农转城”战略，形成全市的经济与社会服务核心；镇（街道）则整合周边农村，结合其特色产业与社会服务，打造成为各自的经济社会服务中心，也即全市发展的次中心；其他农村区域则依据“两公里服务圈”理念，构建 208 个社区，将公共服务资源向社区中心村汇聚，形成社区服务中心，以实现服务的高效覆盖与资源的优化配置。

第二，构建“多村—社区”的空间模式。按照地域相近和规模适度的原则，诸城市将数个村庄整合为一个农村社区，确保社区内居民享有便捷高效的公共服务。在每个社区内，选择交通便利、管理基础良好的村庄作为社区中心，集中设置各类公共设施，形成社区服务中心。这些服务中心通常服务半径在 2 千米以内，居民出行时间控制在 15 分钟左右，覆盖大约 5 个村庄、1500 户居民。这样的布局既满足了农民的耕作需求，又确保了他们能够快速获得公共服务。通过这一社区化发展战略，诸城市成功地将全市 28 万农村人口和 1257 个村庄纳入 208 个农村社区的管理范围内。政府还出台了一系列政策，优化农村居民点布局，控制非中心村的建设，减少村庄数量，扩大村庄规模，鼓励农村人口向社区中心集聚。这种集聚化发展不仅避免了投资的分散和重复，实现了资源的集中利用，还有助于节省土地资源，减少浪费，推动农村社区的高效、可持续发展。

第三，构建“两公里服务圈”服务体系。针对农村居民需求，诸城市提供了“一揽子”服务，在社区中心配备完善的公共服务设施，建立社区服务中心，为居民提供了基本的公共服务另外在农村社区设立便民超市、农资超市、便民食堂等设施，为居民提供了市场化的便民服务。这些举动，推动农村社区公共服务的均等化发展，提高农村居民生活、生产条件和文化素质，促进农村经济社会的再发展。社区服务中心包含“一厅八站”，即一个办事服务大厅和医疗卫生、社区警务、劳动保障、社区环卫、文化体育、计划生育、社会福利和志愿者八个服务站。在社区服务中心建设方面，为减轻农民负担，诸城市采取了四种建设方式：一是利用闲置的学校、厂房及其他闲置的集体房屋进行改建；二是利用社区中心村的村委大院和原乡镇办公场所扩建；三是经济条件较好的乡镇和社区按标准新建；四是争取社会援助建设。

（2）新农村社区建设的意义。

一是推动了农村公共服务均等化发展。针对农村公共设施匮乏、城乡居民发展条件不公平，诸城市为农村提供了“一揽子”公共服务，在社区中心村建设了“一厅八站”服务机构，完善了农村公共服务供给，推动了农村公共服务均等化，促进了城乡一体化建设。

二是提高了公共服务的便捷性。为了让农村居民更便捷地享用公共服务和公共设施功能的充分发挥，诸城市确立了“两公里服务圈”，确保农民在15分钟内到达服务中心，提高了农村公共服务的便捷性，改善了农村的生产、生活条件。

三是增强了社区中心村的吸引力。公共服务中心的设置，不仅为农村提供了均等、便捷的公共服务，而且增强了新型农村社区中心村的吸引力，有利于吸引农民向中心村集聚，推进新型农村社区的集中化建设。

2. 鲁中北地区淄博马桥模式——企业带动型

桓台县马桥镇位于桓台、高青、邹平三县交界处，总面积44.96平方千米，辖27个行政村，总人口30341人，是山东省首批中心镇、淄博市经济强镇。

（1）马桥模式的经验特征。

马桥新型农村社区属于企业带动型，通过龙头骨干企业的培植，壮大了该镇经济实力，带动了非农产业的发展；为农村居民提供了丰富的就业机会和岗位，推动了农村劳动力的转移；转变了农村居民的生产和生活方式，为农村社区化发展提供了物质基础和发展条件。

一是镇村统筹规划，推动社区集中化建设。在规划建设上，马桥镇坚持镇村一体规划，打破原有村庄区划界线，把全镇44.96平方千米统一规划为组团居住、工业集中、文化商贸、生态保护、农业生产五大功能区，编制了镇村一体建设总体规划。

二是完善社区服务功能，改善农村人居环境质量。马桥镇借合村并居之机，从完善社区生活配套设施和营造和谐文明氛围入手，顺势引导农民转变生活方式。注重改善社区服务功能，镇财政每年投资专项，用于各社区路、水、电、气、暖等统一配套，配套完善商业服务、医疗保健、休闲娱乐、宣传教育等服务设施，组建专门队伍和专业人员，对社区环卫保洁、园林绿化、物业服务、治安保卫等实行统一管理。

（2）马桥新型农村社区建设的意义。

一是推动了农业产业化发展。马桥镇通过新型农村社区的集中化建设，使农村劳动力得到有效转移，切实摆脱了土地的束缚，有利于农村产业格局的调整和农业规模化、机械化发展，推动了农业产业化的进一步发展，提高了农村土地的产出效益和农民的经济收入。

二是提高了土地利用的集约程度。新型农村社区的集中化建设，扭转了农村居民点布局分散、农村建设用地规模过大的局面，节约了土地资源转变了耕地小规模、分散经营的生产方式，提高了农村土地的集约利用程度，使土地利用效能得到充分发挥。

三是提高了人居环境质量。新型农村社区建设，改变了“脏、乱、差”的农村环境，为农民提供了卫生、整洁、舒适的生活条件并与镇区有效对接，完善了公共设施配置，为农民提供了较好的公共服务，提高了农民的生活水平。其新型农村社区建设，提高了农村人居环境质量。

3. 鲁南地区临沂莒南模式——资源整合型

（1）莒南模式的经验特征。

莒南县为推动“大村庄”模式的新型农村社区建设，因地制宜，科学规划。由各乡镇组织专门力量，对所辖村庄进行深入调查研究，摸清适合“大村庄制”社区建设方式的村庄数量及分布。同时，按照地域相近、居住相对集中、村民认同感强的原则，确定新型农村社区的辐射范围。对确定的农村社区，按照“切合实际、着眼长远、布局科学、便于操作”的原则，搞好建设的具体规划。主要是建立健全各类社会组织和农民合作组织，调整完善社区党组织设置，搞好社区基础设施建设，成立居民小区，建立健全社区服务机构，搞好社区制度建设等，确保农村社区建设的规范化运行。

一是打破原有建制。为了优化农村社区结构，诸城市摒弃了原有的分散建制村模式，转而采取一种全新的功能分区设计。新规划的社区规模被设定为半径不超过3 千米，每个社区包含3 至6 个村庄，覆盖人口在3000 至6000 人。此外，合并后的村庄被重新划分为若干村民小区，并将原先的建制村村民自治转变为社区村民自治，进而选举产生社区村民委员会。在村民小组的设置上，诸城市同样进行了创新。传统的村民生产小组被取消，代之以畜牧养殖、交通物流、商会等多样化的行业协会和专业合作组织。社区居民可以根据自身兴趣和需求加入这些协会和组织，而社区村民委员会则负责管理和协调这些机构，以推动社区经济和社会的全面发展。

二是社区资源有效整合。推行“大村庄制”，实行“八合”，让乡村集团式发展。过去，尽管一些自然村落中的行政村地域相近、习俗相同，但它们在基础建设、管理策略、发展水平以及村级领导团队的建设和工作执行力度等方面，却表现出显著的差异性，呈现出不平衡的状态。这种不平衡性极大地影响了村级各项工作的开展。于是，莒南开展了以队伍、班子、土地、合同、债权、债务、资产、制度“八合”为特色的“大村庄制”建设工作。

三是完善社区的功能分区。首先是规划“项目区”，成立民营经济发展协会。利用原行政村政策内预留地，聚零为整拓建项目区。目前，各农村社区都成立了养猪、养鸡、养牛等各种形式的专业协会和农民专业合作社。规划“服务区”，成立各类流通服务业协会和服务中心。将建设商贸大街、集贸市场、便民超市、为民服务中心等全部纳入农村社区整体建设规划。目前，各社区都建起了自己的商贸文化大街、便民超市、便民商店、为民服务中心等。

四是健全社区便民服务。为全面提升社区发展水平，诸城市大力实施“十个一”工程，包括：建设商贸大街、集贸市场、便民超市、社区服务中心、教育设施（小学或幼儿园）、卫生室、文化广场及游乐中心、警务室、工业及养殖项目区、现代农业示范项目区。此举旨在打造完善的社区设施网络，满足居民多样化需求。同时，为加强农业产业化发展，诸城市依托专业协会和合作组织，搭建农业产业化组织平台，为居民提供全面服务。此外，还积极推进农村供销社、农村信用社、农民专业合作组织、农村邮政物流“四个载体”建设，以确保社区居民在生产、生活方面得到全方位的支持与服务。

（2）莒南新型农村社区建设的意义。

一是有利于农业产业化的发展。在新型农村社区建设方面，莒南打破了原有村庄建制，取消了传统的村民小组，以大村庄和各类农业合作组织取而代之，有利于调整农业产业格局，促进农业产业化的发展，推动社区经济社会的较快发展。

二是有利于闲散资源的充分利用。莒南新型农村社区建设的主要特征在于资源的有效整合。其对土地、资产、合同以及债权债务等资源进行整合，全部归社区统一支配与管理，使闲散资源得到有效盘活，有利于资源的充分利用。

三是有利于公共设施的完善。各类资源的有效整合，打破了原有建制村“各自为政”的建设方式，避免了投资建设过于分散，形成了“握指成拳”的发展优势，使社区的凝聚力得到充分发挥，有利于农村公共设施的建设与完善。

四是有利于社会矛盾的缓解。实施“大村庄制”社区建设后，社会管理的有序性得到显著提升。此举打破了长期存在的利益小圈子，有效削弱了宗族势力的影响，并促进了互惠互助的传统美德。人际关系在更广泛的社区范围内得到了融合，从而在一定程度上缓解了农村社会矛盾，促进了社区的和谐与稳定。

4. 三种模式发展条件的差异性分析

（1）背景相同，基础不同。

诸城和马桥的用地条件均好于莒南，为新型农村社区的建设提供了优越的先决条件；在经济条件方面，诸城、马桥两地由于非农产业的带动，经济发展迅速，具备了较为雄厚的物质基础，同样，两地的农民收入水平也远高于莒南，也有力地推动了农村社区的集中化建设；另外，由于非农经济的带动，诸城和马桥两地农民的就业方式发生了较大的转变，尤其马桥基本实现了农民的非农化就业，使其彻底脱离了土地的束缚。相对来说，莒南的新型农村社区建设条件和基础则较为薄弱，推动大规模的建设难度较大。

（2）目标相同，原动力不同。

在发展目标上，三个地区有着相同之处，都是促进农村经济社会的快速发展，缩小城乡差距，为农民创造便捷、舒适的人居环境，实现“生产发展，生活宽裕，村容整洁，乡风文明，管理民主”。

但是由于发展条件的制约，三个地区在新型农村社区建设上的原动力有所不同。诸城、马桥两地新型农村社区的发展来自外源力。与以上两地不同的是，莒南新型农村社区的发展则来自内源力。

诸城近年来迅速发展的城市经济，带动了整个市域经济发展水平迅速提高，一方面，政府财政资力雄厚，为农村地区的发展提供了物质基础；另一方面，农民收入迅速提高，具备了改善生活和生产条件的愿望和经济条件。但是，由于城镇化滞后于工业化，绝大多数农村居民仍生活于农村；农村产业化没有全面发展，农业经营模式仍以分散经营为主，致使居民点布局分散，集聚化的新型农村社区建设方式仍存在较大难度。因此，诸城市主要依靠政府投资，开展了新型农村社区的建设。

大型企业的迅速发展，主导产业的支撑，不断壮大镇域经济实力，为马桥农村社区化发展奠定物质基础通过培育壮大骨干龙头企业，推进工业化进程，实现了镇域二三产业相互促进、协调发展，并依靠非农产业吸纳农民、转移农民，改变了农民传统的就业方式，解决了农民在合村并居之后的就业出路问题龙头企业的发展，推动了农业规模化、机械化、产业化的发展，提高了农村土地的经营效益，解决了农民与土地的矛盾。马桥利用了企业带动力，促进了新型农村社区的建设。

由于莒南经济社会发展相对落后，政府财力相对薄弱，农民收入水平相对较低，缺乏优越的经济基础，农民仍把土地作为基本的生活保障，农村生产力受到较大的束缚，农村仍以分散经营为主，产业化水平较低。因此，依靠政府财政以及大规模的迁村并点不太现实。于是，莒南从农村内部着手，充分利用内源力，走出了一条资源整合型的发展之路。

（3）途径相同，着力点不同。

在当前经济社会发展的宏观背景下，三个地区都是在科学发展观的指导下，通过“工业反哺农业、城市支持农村”的形式，构建社会主义新农村的新格局，推动新型农村社区的建设和发展，促进城乡经济社会的统筹发展。但是，由于各地发展条件大为不同，其着力点各不相同。

诸城新型农村社区发展模式属于服务完善型。诸城针对农村公共服务设施较为缺乏、城乡公共服务不均等这一问题，由政府主导，以改善民生为目的，从农村公共服务提供入手，构建了“两公里服务圈”，在农村社区中心村设置了“一厅八站”，完善了农村公共服务设施，便捷了农村居民的生产和生活，提供了城乡无差别的公共服务，推动了城乡服务一体化发展。

马桥镇依据企业带动力强、农民得到有效转移、农业产业化全面发展等特点，从土地资源节约利用、改善农村人居环境、方便农民生产生活等方面着手，推动了新型农村社区集中化建设，通过合村并居，形成了镇村一体的格局。

由于莒南经济社会发展相对落后，发展条件相对较差，依靠政府财政以及大规模的迁村并点不太现实。为激发农村的发展动力，促进农村经济社会的可持续发展，莒南从农村内部着手，通过资产、土地、债权、债务、制度、基层组织等资源的整合，走出了一条特有的发展道路。

第八章

国土空间规划下乡村人居环境研究

第一节 国土空间规划下乡村人居环境

一、国土空间规划与乡村人居环境的相关性分析

国土空间规划聚焦于国土与人居环境双重维度，核心在于实现人与环境的和谐共生。工业革命浪潮中，欧洲尤其是19世纪中后期的英国，率先以现代城市规划为手段，直面城市治理难题，致力于居民生活质量的提升。城市美化运动作为标志性举措，有效改善了卫生条件，降低了传染病风险。此后，城市规划理念逐步演进，从应急措施转向长远规划，更加注重前瞻性与可持续性。放眼全球，众多发达国家已将构建可持续人居环境作为国土空间规划的战略目标，力求在发展中寻求环境保护与社会福祉的平衡点。

由于历史遗留的影响，我国在国土空间开发与城乡建设中长期偏向生产导向，从而在一定程度上忽视了人的全面发展需求。改革开放以来，城乡规划与土地利用规划主要聚焦于应对工业化与城镇化加速的挑战，核心侧重于新城、新区建设用地的扩张，以支撑经济快速发展。尽管在微观层面如城市内部、街区等，对人居环境的改善有所关

注，但在宏观与中观层面，对于国土空间内整体人居环境的优化与提升，却未能给予充分重视，导致发展可能伴随一定程度的环境与社会成本。目前，我国已经进入生态文明新时代，国土空间规划，应继续坚持规划引领城乡发展，坚持将人居环境改善作为不断努力的目标，推进城乡居住环境改善，满足人的基本需求，强化公共服务和公共空间建设，适应人民生活方式的转变，这些都体现了我们在人居环境改善方面目标的落实上，即提升乡村地区生活质量，缩小城乡差别，实现城乡一体化。

二、国土空间规划下的城乡融合发展

（一）城乡发展的政策演变与推动：由统筹到融合

1. 统筹城乡发展的战略思想的提出

我国城乡二元结构是一个发展中的经济社会结构，在战略、体制和政策方面不断地选择与发展，具有若干鲜明的、不容漠视的特色。为了破解城乡二元结构问题，2002 年党的十六大报告提出统筹城乡发展的战略思想以来，这一理念得到了持续的丰富和发展。通过多届党代会和中央全会的战略部署，以及连续多年的中央一号文件聚焦，统筹城乡发展的政策框架日益完善，从理论探索步入实践深化阶段。党的十七大明确将“统筹城乡发展，推进社会主义新农村建设”作为重要任务，旨在强化农业基础，促进农业现代化，构建工农互促、城乡共荣的新格局。这一战略不仅着眼于解决当前城乡发展不平衡问题，更致力于构建长效机制，推动城乡经济社会全面融合。进入新时代，党的十八大进一步提出“推动城乡发展一体化”，标志着我国城乡关系进入了一个全新的发展阶段。通过加快完善体制机制，推进城乡规划、基础设施和公共服务等关键领域的一体化，努力实现城乡资源的高效配置与公平交换，构建更加和谐的新型工农关系和城乡关系。这一系列举措不仅促进了城乡经济的共同繁荣，也显著提升了农村居民的生活品质，缩小了城乡差距。从 2002 年至今，国家层面出台的一系列政策有效推动了城乡统筹事业的发展，使城乡关系日益紧密，逐步实现了“城市和乡村是一个统一体”的广泛共识。

2. 城乡融合发展

2017 年，党的十九大报告正式提出“建立健全城乡融合发展体制机制和政策体系，加快推进农业农村现代化”的政策方针。城乡融合发展是指城市区域和乡村区域互融互促的一种发展状态。是破解我国城乡二元结构问题，解决城乡由分割或对立走向“一体化”的发展进程。是一种城乡发展的理想状态和发展目标。城乡融合发展也是高质量乡村振兴的前提。乡村振兴是指乡村重新恢复活力、实现繁荣兴旺的城乡融合的一种发展状态。

（二）城乡融合发展的目标

城乡融合发展作为破解城乡二元问题的全新发展思路，是优化国土空间利用的重要路径，是乡村振兴战略实施的重要手段。国土空间规划是对一定区域国土空间开发保护在空间和时间上作出的安排，是国家空间发展的指南、可持续发展的空间蓝图，是各类开发保护建设活动的基本依据。国土空间规划的核心是要统筹划定“三区三线”（生态空间、农业空间、城镇空间及生态保护红线、永久基本农田、城镇开发边界），强化底线约束，为可持续发展预留空间。

1. 优美高质的生态空间

在城乡融合发展的宏伟蓝图中，对生态系统的调节与维护占据着举足轻重的地位，而生态空间则构成了这一工作的基石。此举不仅是对环境保护的积极响应，更是推动生态文明建设向纵深发展的必然要求。深入剖析城乡生态系统的内在构造不难发现，生态空间这一复杂的生态系统网络，主要由生态敏感区、生态保育区、公园绿地、景观绿带及生态廊道等多元要素紧密交织而成。为实现城乡生态空间的和谐共生与持续发展，必须将生态空间的优化作为核心任务来抓。这意味着要坚决防范生态空间遭受不合理侵占，同时确立以生态零风险、高质量为导向的价值观念。通过这样的努力，能够确保城乡生态空间的可持续发展，为建设更加和谐美丽的生态环境奠定坚实基础。

2. 高效低耗的生产空间

城乡发展进程中，生产空间作为关键支撑，其科学布局对于促进土地集约化利用、提升安全性能及优化工农业生产具有深远影响。构建高效生产空间，旨在减少对自然环境的干扰，核心在于实现土地利用的高效与集约。为顺利建设高效生产空间，要形成完善的产业链，确保生产空间的设计融入地域特色，依据产业特点进行精准定位。在此基础上，遵循区位合理性与高效发展的原则，有序引导生产空间的转移与重构，通过科学分工细化产业链，优化产业在空间上的布局形态，以实现资源的最优配置。同时，应将高效生态农业视为现代农业转型升级的重要方向，积极探索一条集经济效益、产品安全、资源节约、环境友好、技术密集及人力资源高效利用于一体的新型农业现代化路径。按照农业优质化、品牌化、产业化、数字化、绿色化、多功能化要求，推进农业供给侧结构性改革，提高产品供给档次和供给质量；适应新时代新趋势构建起以规模化、集约化家庭农场、合作农场、专业合作社、农业龙头企业等新型经营主体 + “三位一体”合作经营服务体系的新型农业双层经营体系。逐步减小城乡之间的差距，顺利实现城乡融合的目标。

3. 宜居和美的生活空间

城乡生活空间的深度融合，对于实现城乡居民全方位生活功能的满足具有不可或缺的作用，它深刻影响着居民的日常起居、休闲娱乐等多元生活层面。在当前“以人为本”的核心理念指引下，城乡社会生活空间的建设被赋予了前所未有的重要性。其目标在于，通过精心打造宜居环境、持续升级服务品质，来全面响应并满足居民的多样化需求，进而提升整体生活质量和居民幸福感。在此过程中，强调城乡生活空间融合的同时，必须充分尊重并体现个体形态的多样性和地域文化的独特性。乡村建设不能简单地模仿城市模式，而应凸显其固有的特色和优势。新时代的乡村发展，不仅要追求宜居宜业，还要朝着富裕富足的共富乡村目标迈进。“三农”研究专家、农业农村部专家咨询委员顾益康认为，共富乡村是农民美丽生活的幸福家园，也是市民休闲养生的生态乐园。它不仅是留得住乡愁的文化故园，还是人与自然和谐共生的绿色家园。此外，共富乡村还应是发展美丽经济的产业新园和数字赋能的智慧 e 园。这些观点强调了共富乡村的多重功能和价值，包括生态、文化、经济和社会等方面。总之，城乡融合发展的宜居空间的目标是构建“出则自然，入则高端”的新的融合形态。

（三）城乡融合发展的对策

1. 城乡规划设计大融合，构建城乡生产生活生态新空间

要打破传统城乡分割的规划思路，以整体性、系统性和前瞻性为指引，科学规划城乡空间布局，优化资源配置，促进城乡空间功能的互补与融合，从而构建出一个既符合生产需求又满足生活需要，同时兼顾生态保护的全新空间。这样的规划不仅能促进城乡间的互补发展，还能确保资源的有效利用和环境的可持续发展。

2. 推进城乡资源要素大融合，构建城乡创业创新发展新环境

通过深化制度改革，打破城乡资源要素流动的壁垒，促进资本、技术、人才等要素在城乡之间的自由流动和高效配置。这不仅能为城乡创业创新提供充足的资源支持，还能激发城乡发展的活力和潜力。

3. 推进城乡产业发展大融合，构建城乡经济高质量发展新体系

通过加强城乡产业联动，推动产业链、供应链、价值链的深度融合，促进农村一二三产业的融合发展。同时，还要积极培育新兴产业和高端产业，提升城乡产业的整体竞争力和创新能力。

4. 推进城乡基础设施大融合，构建城乡便捷通畅一体的新基建

通过加大城乡基础设施建设的投入力度，完善城乡交通、水利、能源、信息等基础设施网络，提高城乡基础设施的互联互通水平和承

载能力。这不仅能改善城乡居民的生活条件，还能促进城乡经济的协同发展。

5. 推进城乡全面协调可持续发展，注重整体规划、系统推进政策引导和支持

激发社会各界参与城乡融合发展的积极性和创造力，共同推动城乡全面协调可持续发展。需要注重均衡发展、底线思维和人地和谐共生等原则。通过科学规划、合理布局和有效管理，确保城乡发展的可持续性，实现人与自然和谐共生。

（四）城乡融合对乡村发展的意义

2018 年中央一号文件明确提出了“坚持城乡融合发展”的战略方针，旨在加速构建“工农互促、城乡互补、全面融合、共同繁荣”的新型工农城乡关系。城乡融合通过四大核心维度——空间融合、产业融合、要素融合以及治理融合，推动城市和乡村两个地域系统间的深入互动与协同发展。在空间融合方面，这一维度作为城乡融合发展的基本载体，有助于优化城乡空间布局，实现资源的合理配置。产业融合则构成了城乡融合的物质基础，通过促进工农产业间的互补与合作，推动产业结构的优化升级。要素融合是关键环节，通过促进城乡间的人才、资本、技术等要素的流动与共享，激发乡村发展的内生动力。治理融合则是城乡融合的重要保障，通过加强城乡社会治理体系的完善，提升城乡公共服务水平，实现城乡社会的和谐稳定。

从客观趋势来看，城乡融合发展预示着城乡间要素的流动与重组将显著增强，从而深刻影响乡村地区的内在结构与外在功能，加速其转型升级的步伐。面向未来，村庄规划工作需紧密契合城乡融合发展理念，聚焦提升居民生活质量的核心目标，充分考虑乡村多功能演变的实际需求。通过加强村庄整体的综合分析与研究，旨在塑造更具吸引力的乡村风貌，进而推动城乡之间的协调并进与共同富裕目标的实现。这一战略不仅能够有效促进乡村的全面振兴，还将为我国经济社

会的长期可持续发展提供坚实的支撑与保障。

第二节　村庄规划简介*

一、村庄规划的总体要求

1. 规划定位

村庄规划作为法定规划体系中的关键一环，是国土空间规划在乡村地区的细化体现，是开展国土空间开发保护活动、实施国土空间用途管制、核发乡村建设项目规划许可、进行各项建设等的法定依据。为实现规划的高效与协同，需将村土地利用规划、村庄建设规划等多类乡村规划进行整合，促进土地利用规划与城乡规划等内容的深度融合，从而编制出“多规合一”的实用性村庄规划。此规划应全面覆盖村域内的所有国土空间，并可根据实际情况，灵活选择以一个或多个行政村作为规划编制的基本单元。

依据上述规定，乡村规划分两种情况进行编制。在城镇开发边界以内的村庄，可以与市县（镇）级国土空间总体规划一同编制，也可以编制控制性详细规划或修建性详细规划。在城镇开发边界以外的村庄，编制“多规合一”的实用性村庄规划。也就是用村庄规划代替详细规划。

2. 乡村规划编制的工作原则

《自然资源部办公厅关于加强村庄规划促进乡村振兴的通知》强调，坚持先规划后建设，通盘考虑土地利用、产业发展、居民点布局、人居环境整治、生态保护和历史文化传承。坚持农民主体地位，尊重村民意愿，反映村民诉求。坚持节约优先、保护优先，实现绿色发展

* 资料来源：自然资源部办公厅. 关于加强村庄规划促进乡村振兴的通知，2019.

和高质量发展。坚持因地制宜、突出地域特色，防止乡村建设“千村一面”。坚持有序推进、务实规划，防止一哄而上，片面追求村庄规划快速全覆盖。

从乡村规划的工作原则可以看出，自然资源部强调用乡村全域全要素规划引导建设和高质量发展，另外强调了突出地域乡村特色风貌，防止“千村一面”。在市级国土空间总体规划指南中，也对此提出了管控要求：“针对保护自然与历史文化，塑造具有地域特色的城乡风貌中，对乡村地区分类分区提出特色保护、风貌塑造和高度控制等空间形态管控要求，发挥田野的生态、景观和空间间隔作用，营造体现地域特色的田园风光。”

二、村庄规划的主要内容

1. 统筹村庄发展目标

落实上位规划要求，充分考虑人口资源环境条件和经济社会发展、人居环境整治等要求，研究制定村庄发展、国土空间开发保护、人居环境整治目标，明确各项约束性指标。

村庄规划的第一个内容是坚持分类指导。即顺应村庄发展规律和演变趋势，根据不同村庄的发展现状、区位条件、资源禀赋等，按照聚集提升、融入城镇、特色保护、搬迁撤并的思路，分类推进乡村振兴，不搞一条切。另外，对于目前看不准、前景发展不明朗的村庄，等充分观察论证后，根据村庄发展趋势，再确定村庄分类。

聚集提升类村庄通常指的是已具备一定规模的中心村落及持续存在的一般性村庄。针对此类村庄，需精准规划其未来发展方向，在维持既有规模的基础上，循序渐进地实施改造与升级策略。核心目标在于激发产业活力，改善生态环境，吸引并提升人口集聚度，为村庄注入新的生机与动力。同时，强调对乡村自然风貌与文化底蕴的保护与传承，致力于构建一个既适宜居住又利于产业发展的和谐美丽村庄。

城郊融合类村庄指的是紧邻城市边缘区域及县域中心镇周边的村

庄。在编制城镇国土空间总体规划及详细规划时，应将这些村落纳入统一考量，逐步推动其向城镇化社区转型。此过程中，鼓励土地资源的集约化利用与规模化经营，并配套建设全面的社区服务中心，旨在实现居住模式的集中化、生态环境的优化、基础设施的城镇化标准、管理模式的社区化以及生活方式的现代化。

特色保护类村庄，涵盖了历史底蕴深厚的文化名村、传统村落、少数民族特色村寨及自然景观独特的旅游名村等，这些村庄以其丰富的自然与历史文化资源而著称。针对此类村落，需精心平衡保护、利用与发展的三者关系，致力于维护其完整性、真实性和历史传承的连续性。具体实践中，应着重保护村落的传统选址智慧、空间布局特色、风貌韵味，以及与之相依存的自然景观与田园风光。同时，全面加强对文物古迹、历史建筑、传统民居等文化遗产的守护，确保这些宝贵的历史记忆得以完整保留，为后代传承。

搬迁撤并类，针对一些生存条件严酷、生态环境敏感且易受灾的搬迁撤并型村庄，以及规模有限、短期内虽存续但缺乏发展潜力的其他类型村庄，应实施严格的建筑活动限制，特别是新建与扩建，以减缓对脆弱环境的进一步压力。在规划层面，针对这类村庄，可采用灵活而高效的规划策略。对于不再具有长远发展需求或潜力的村庄，可考虑不制定详细规划，或仅制定核心要点明确、操作简便的规划概要。此时，编制一份聚焦于日常管理与运作的管理公约，作为村庄的基本规划框架，足以满足其基本管理需求。同时，应前瞻性地规划好未来村民的迁移安置或新建聚居点，确保基础设施与公共服务设施的前瞻性布局与建设，以应对搬迁或集中居住带来的新需求。

在落实上位规划要求下，确定村庄发展定位与目标，例如，某村的发展定位为：打造生态农业观光、现代化农业种植、文化体验为一体的生态宜居型乡村等。发展目标为：将某村打造成为××市××县文化新名片，××县户外运动休闲目的地，××生态山水田园旅游村等。此外，还应落实耕地保有量、基本农田保护面积、村庄建设用地规模等各项约束性指标。

2. 统筹生态保护修复

落实生态保护红线划定成果，明确森林、河湖、草原等自然生态空间的边界，力求最大化保留乡村原始的地貌特征与自然景观，全面守护乡村的自然风光与田园诗意。在推进生态环境修复与整治的过程中，应秉持谨慎原则，严格限制砍伐树木、禁止开挖山体、杜绝填湖造地等行为，以维护生态平衡。同时，需优化乡村水系、林网、绿道等生态空间布局，通过科学合理的规划与设计，促进生态空间的相互连接与融合，形成更加和谐共生的乡村生态系统。

3. 统筹耕地和永久基本农田保护

落实永久基本农田和永久基本农田储备区划定成果，落实补充耕地任务，守好耕地红线。在规划农业发展空间时，需综合考虑农、林、牧、副、渔等各领域的协同发展，推动循环农业与生态农业模式的普及与应用。同时，应进一步完善农田水利配套设施的布局，为设施农业和农业产业园的健康发展提供充足的空间保障，助力农业产业结构的优化升级。在乡村规划的具体实施过程中，需严格遵循上级规划的要求，精准划定基本农田及其储备区的数量，并确保一旦划定即保持稳定，避免不必要的调整与变动，以保障农业生产的持续稳定与农村生态环境的和谐共生。

4. 统筹历史文化传承与保护

充分发掘乡村深厚的历史文化底蕴，明确划定乡村历史文化保护区域，并制定全方位的历史文化景观保护策略，确保历史遗存的原真性得到妥善维护。在此过程中，需坚决避免大规模的拆建活动，采取“应保尽保”的原则，力求保留每一份历史记忆。同时，加强对各类建设项目的风貌规划与引导，确保新建建筑与乡村原有特色风貌相协调，共同构建和谐统一的乡村景观。

5. 统筹基础设施和基本公共服务设施布局

在县域与乡镇层面，需统筹规划村庄的发展布局，以及基础设施与公共服务设施的用地安排，旨在构建一个覆盖全域、普惠共享且城乡融合的基础设施与公共服务网络。此规划需遵循安全、经济、便民的基本原则，确保各项设施的建设既符合当地实际，又能满足群众需求。在具体实施上，应因地制宜地确定村域内基础设施与公共服务设施的选址、规模及标准，确保资源的优化配置与高效利用。

6. 统筹产业发展空间

为了促进城乡产业的协同发展，需对产业用地布局进行整体优化，引导工业项目向城镇产业集聚区集中，以提高土地利用效率并促进产业链条的完善。同时，应合理保障农村新产业新业态的发展用地需求，明确产业用地的具体用途、开发强度等关键指标，确保资源的高效配置。在用地规划上，除保留必要的农产品生产加工用地外，原则上不再在农村地区新增工业用地，以避免对农业生产和农村生态环境造成不利影响。

7. 统筹农村住房布局

按照上位规划对农村居民点布局及建设用地管理的指导，我们需科学设定宅基地的规模，并明确其建设范围，严格执行“一户一宅”政策，以保障农村宅基地的合理分配与使用。在规划设计中，应充分融入当地的建筑文化特色与居民生活习惯，采取因地制宜的策略，提出符合地方特色的住宅规划设计要求。

8. 统筹村庄安全和防灾减灾

针对村域内潜在的地质灾害与洪涝等安全隐患，需进行详尽的分析与评估，明确划定灾害的影响范围及安全防护区域。在此基础上，确立综合防灾减灾的明确目标，旨在构建全面、有效的灾害防控体系。为实现这一目标，需制定一系列针对性的预防和应对措施，包括但不限于加强灾害监测预警系统建设、提升村民防灾减灾意识与自救互救能力、完善应急救援物资储备与调配机制等。

9. 明确规划近期实施项目

针对当前乡村发展的迫切需求，应深入研究并提出一系列急需推进的项目，涵盖生态修复整治、农田整理、补充耕地、产业升级、基础设施与公共服务设施建设、人居环境改善以及历史文化保护等多个领域。在明确项目内容与目标的同时，还需细致规划资金规模、筹措途径、建设主体及实施方式等关键环节。

三、乡村规划的政策支持

1. 优化调整用地布局

允许在不改变县级国土空间规划主要控制指标情况下，优化调整村庄各类用地布局。涉及永久基本农田和生态保护红线调整的，严格按国家有关规定执行，调整结果依法落实到村庄规划中。这里需注意调整用地的范围是在乡村所在的县域内。

2. 探索规划“留白”机制

各地可在乡镇国土空间规划和村庄规划中预留不超过5%的建设用地机动指标，村民居住、农村公共公益设施、零星分散的乡村文旅设施及农村新产业新业态等用地可申请使用。对一时难以明确具体用途的建设用地，可暂不明确规划用地性质。建设项目规划审批时落地机动指标、明确规划用地性质，项目批准后更新数据库。机动指标使用不得占用永久基本农田和生态保护红线。

通过以上规定，可以看出，为促进乡村振兴发展，政策也给予了留白机制，但要注意，这里跟城市中的留白用地要求是一致的。村庄留白用地必须是在村庄建设边界以内，不能规划边界。

四、村庄规划的编制要求

1. 强化村民主体和村党组织、村民委员会主导

乡镇政府应引导村党组织和村民委员会认真研究审议村庄规划并动员、组织村民以主人翁的态度，在调研访谈、方案比选、公告公示等各个环节积极参与村庄规划编制，协商确定规划内容。村庄规划在报送审批前应在村内公示30日，报送审批时应附村民委员会审议意见

和村民会议或村民代表会议讨论通过的决议。村民委员会要将规划主要内容纳入村规民约。

2. 开门编规划

综合应用各有关单位、行业已有工作基础，鼓励引导大专院校和规划设计机构下乡提供志愿服务、规划师下乡蹲点，建立驻村、驻镇规划师制度。激励引导熟悉当地情况的乡贤、能人积极参与村庄规划编制。支持投资乡村建设的企业积极参与村庄规划工作，探索规划、建设、运营一体化。

3. 因地制宜，分类编制

根据村庄定位和国土空间开发保护的实际需要，编制能用、管用、好用的实用性村庄规划。要抓住主要问题，聚焦重点，内容深度详略得当，不贪大求全。对于重点发展或需要进行较多开发建设、修复整治的村庄，编制实用的综合性规划。对于不进行开发建设或只进行简单的人居环境整治的村庄，可只规定国土空间用途管制规则、建设管控和人居环境整治要求作为村庄规划。对于综合性的村庄规划，可以分步编制，分步报批，先编制近期急需的人居环境整治等内容，后期逐步补充完善。对于紧邻城镇开发边界的村庄，可与城镇开发边界内的城镇建设用地统一编制详细规划。各地可结合实际，合理划分村庄类型，探索符合地方实际的规划方法。

4. 简明成果表达

规划成果要吸引人、看得懂、记得住，能落地、好监督，鼓励采用“前图后则”（即规划图表 + 管制规则）的成果表达形式。规划批准之日起 20 个工作日内，规划成果应通过“上墙、上网”等多种方式公开，30 个工作日内，规划成果逐级汇交至省级自然资源主管部门，叠加到国土空间规划“一张图”上。

五、村庄规划的审批与报批

1. 组织编制与审批

村庄规划由乡镇政府组织编制，报上一级政府审批。地方各级党委政府要强化对村庄规划工作的领导，建立政府领导、自然资源主管部门牵头、多部门协同、村民参与、专业力量支撑的工作机制，充分保障规划工作经费。自然资源部门要做好技术指导、业务培训、基础数据和资料提供等工作，推动测绘“一村一图”“一乡一图”，构建“多规合一”的村庄规划数字化管理系统。

2. 严格用途管制

村庄规划一经批准，必须严格执行。乡村建设等各类空间开发建设活动，必须按照法定村庄规划实施乡村建设规划许可管理。确需占用农用地的，应统筹农用地转用审批和规划许可，减少申请环节，优化办理流程。确需修改规划的，严格按程序报原规划审批机关批准。

3. 加强监督检查

市、县自然资源主管部门要加强评估和监督检查，及时研究规划实施中的新情况，做好规划的动态完善。国家自然资源督察机构要加强对村庄规划编制和实施的督察，及时制止和纠正违反本意见的行为。鼓励各地探索研究村民自治监督机制，实施村民对规划编制、审批、实施全过程监督。

第九章

黄河下游乡村住宅研究

第一节　黄河下游传统民居类型分析

黄河下游在传统民居的营建过程中，人们多以充分利用地形、尽量减少土石方量、方便住用、改善居住环境为主要原则。黄河下游地区传统民居形式受地形地貌影响较大，总体呈现出低山丘陵地区民居、平原地区民居、入海口土坯房和胶东海草房等典型传统民居类型。

一、低山丘陵地区民居

1. 官道民居

官道民居多位于古代官道沿线，明清时期，济南府周边有多条官道存在，这些官道通常连接着重要的政治、经济和文化中心，是历史上交通和通信的主要通道。官道民居的布局通常顺应官道的走向，形成独特的街巷空间和居住群落。作为中国传统民居的一种特殊类型，官道民居具有其独特的建筑风格和历史文化价值。

（1）建筑规模与结构。

官道民居建筑，以四合院或三合院为主流形式，其布局严谨，沿南北纵轴线布置房屋与院落。院落结构层次分明，由大门、二门、影壁、倒座、正房、厢房等若干单体建筑组成。这些建筑多采用木框架结构，屋顶则普遍采用硬山式，覆盖着青瓦，显得古朴而庄重，与周围环境相得益彰。房屋开间和进深根据实际需要和地块大小确定，通常开间较大，进深适中。

（2）建筑特色。

官道民居在细节处理上体现了山东传统民居的特色，如雕刻精美的檐柱、青石板铺就的院落等。建筑材料方面，官道民居常以坚固的青方石作为根基，稳固而耐久；墙体则采用石灰坯筑成，既经济又环保。门窗则是木质为主，其上雕刻着繁复精美的图案与花纹，既增添了居室的雅致，也彰显了匠人的精湛技艺。在院落之中，常设有石桌、石凳等休闲设施，这些设施不仅为日常生活提供了便利，也成为居民们品茗谈天、休憩放松的理想之地。如此设计，不仅体现了官道民居的实用功能，更蕴含了丰富的生活情趣与人文关怀。官道民居的檐口高度因地区和建筑功能的不同而有所差异。一般来说，檐口高度从 3.2 米至 3.9 米不等，正房檐口通常高于厢房和倒座。

（3）地理位置与周边环境。

官道民居多位于济南市的老城区或城乡接合部，交通便利，生活设施齐全。周边环境优美，常有公园、河流等自然景观，为居民提供了良好的居住环境。

（4）历史与文化价值。

官道民居作为山东传统民居的代表之一，具有重要的历史和文化价值。官道民居作为古代官道沿线的居住建筑，见证了历史的变迁和时代的发展。这些民居不仅是当地居民日常生活的场所，也是传承和展示当地历史文化的重要载体。官道民居的建筑风格、装饰艺术和生活方式等，都体现了中国传统文化的精髓。这些民居通过世代相传，将传统文化传承至今，成为研究中国传统文化的重要资源。

2. *平顶石头房*

平顶石头房主要分布于济南长清、平阴等地，这些房屋多以三合院或四合院的形式呈现，在建筑材料的选择上，当地居民巧妙地利用了当地丰富的石材资源，使得这些平顶石头房不仅坚固耐用，还充满了地域特色。作为一种独特的民居形式，平顶石头房还承载着丰富的历史文化价值。

（1）建筑材料。

平顶石头房的主要建材为石块，这些石块可能就地取材，经过加工后用于建造房屋的主体结构和墙体，在前后墙之间架上横梁，上铺三合土，屋顶用石灰抹成漫坡顶，呈一条平缓弧线。石块的使用不仅降低了建筑成本，还使得房屋具有坚固耐用的特点。

（2）建筑设计。

屋顶设计方面，平顶石头房的屋顶设计为平顶，这是其与其他传统民居的主要区别之一。平顶设计使得房屋顶部更加平整，有利于排水和防风。此外，平顶还可以作为晾晒谷物、储存物品等活动的场所，提高了房屋的使用效率。门窗设计方面，平顶石头房的门窗通常采用木制或石制，与房屋整体风格相协调。门窗的大小和位置通常根据房屋的功能和采光需求进行设计，确保室内光线充足、通风良好。装饰与细节方面，平顶石头房的外观通常较为朴素，但在细节处理上却十分讲究。例如，房屋的檐口、墙角等部位可能采用石材进行装饰，增强了房屋的质感和美感。同时，一些房屋还会在墙面上雕刻图案或文字，寄托了居民的美好愿望和文化传承。

（3）历史文化价值。

平顶石头房作为中国传统民居的一种形式，具有丰富的历史文化价值。这些房屋，不仅是当地居民生活与居住的载体，更是历史文化的传承者与见证者。每一块石头，都承载着岁月的痕迹，每一道缝隙，都诉说着过往的故事。它们见证了时代的变迁，记录了家族的兴衰，更融入了当地人的情感与记忆，成为了不可多得的文化遗产。通过对平顶石头房的研究和保护，可以更好地了解中国传统民居的多样性和地域特色，促进传统文化的传承和发展。

3. 泰山圆石头房

圆石头房，这一独特的建筑风貌，广泛分布于泰山山脉的周边，布局比较灵活自由。每一座院落都如同精心雕琢的艺术品，大小各异，有的沿纵向蜿蜒伸展，有的则横向铺陈开来，与周围的山川地形相得益彰，和谐共生。这些房屋主要由泰山石垒砌而成，形成了独特的圆形或近似圆形的外观，因而得名“圆石头房”。

（1）建筑材料。

泰山圆石头房的主要建材是泰山石，这些石块经过精心挑选和加工，用于建造房屋的主体结构和墙体。石块之间的缝隙用砂浆填充，使整个建筑坚固耐用。

（2）建筑设计。

结构设计方面，圆石头房通常采用圆形或近似圆形的平面布局，这种设计不仅美观大方，还具有一定的防御性和稳定性。房屋内部根据功能需求进行划分，包括客厅、卧室、厨房等区域。屋顶与门窗方面，圆石头房的屋顶通常采用传统的坡屋顶形式，上面覆盖青瓦或石板等防水材料。门窗则采用木制或石制，与房屋整体风格相协调。装饰与细节方面，泰山圆石头房在细节处理上十分讲究，墙面上可能会雕刻有精美的图案或文字，寄托了居民的美好愿望和文化传承。同时，房屋周围的环境也会进行精心的布置和绿化，形成一幅和谐美丽的画面。

（3）历史文化价值。

泰山脚下的圆石头房，以其别具一格的建筑风貌和美学韵味，成为了一道亮丽的风景线。它们不仅展现了独特的圆形设计与石材的质朴美感，更深深烙印着历史的痕迹与文化的精髓。这些房屋，宛如一本本厚重的史书，记录着当地居民的勤劳与智慧。它们不仅是居住空间的创造，更是对自然环境的尊重与适应，展现了人与自然和谐共生的哲学思想。同时，这些圆石头房还承载着丰富的历史文化内涵。它们见证了泰山的沧桑巨变，承载着当地人民世代相传的生活习俗与文化传统，具有重要的历史研究价值。

4. 鲁中石头房

鲁中石头房作为山东地区一种独特的民居形式，其特点、分布、建筑风格及历史文化价值等方面均具有丰富的内涵。

（1）建筑材料。

鲁中石头房的主要建材为当地盛产的石头，这些石头质地坚硬、色泽自然，使得房屋具有独特的质感和美感。

（2）建筑风格。

鲁中石头房在平面布局上，普遍采纳了四合院或三合院的传统格局，这种设计既有利于防风保暖、遮阳降温，又彰显了中国传统民居的合院特色。在建造技艺上，匠人们巧妙地运用了未经雕琢的自然石块，通过“严丝合缝”的精湛工艺堆砌而成。受限于山区的经济条件，房屋外观展现出了不同的朴素风貌：有的直接以石块堆叠，不加过多修饰，显得质朴粗犷；有的则巧妙地结合石灰抹缝，提升了结构的稳固性。内墙则多采用土坯构建，既经济又环保。至于屋顶，由于砖瓦资源有限，许多房屋采用了山草或麦草覆盖，这种就地取材的做法，不仅节约了成本，还赋予了房屋一种独特的田园风情。在装饰与细节上，鲁中石头房在细节处理上十分讲究，房屋的檐口、墙角等部位可能采用石材进行装饰，增强了房屋的质感和美感。同时，一些房屋还会在墙面上雕刻图案或文字，寄托了居民的美好愿望和文化传承。

（3）历史文化价值。

鲁中石头房具有悠久的历史，反映了当地人民在长期的生产生活实践中积累的丰富经验和高超的建筑技艺。这些房屋不仅是当地居民生活的见证，还承载着丰富的历史文化内涵，是山东地区传统文化的重要载体。通过对鲁中石头房的研究和保护，可以更好地传承和弘扬山东地区的传统文化。同时，随着旅游业的发展，一些保存完好的鲁中石头房已成为旅游景点和文化遗产的一部分，吸引了众多游客前来参观和欣赏。

二、平原地区民居

1. 鲁西南土坯房

鲁西南土坯房主要分布在山东的鲁西南地区，如菏泽、济宁等地。这些地区地势相对平坦，土壤肥沃，适宜于农业耕作，为土坯房的建设提供了丰富的原材料。鲁西南土坯房是山东地区一种具有鲜明特色的传统民居形式，其独特的建筑风格、建筑材料以及所承载的丰富历史文化价值，使其在中国传统民居中独树一帜。

（1）建筑材料与结构。

建筑材料方面，鲁西南土坯房的主要建材为当地盛产的黏土和麦壳或杂碎的草。这些材料经过混合、搅拌后，制成土坯子，用于建造房屋的墙体。屋顶则采用稻草或麦秸作为覆盖材料，以提供保温和防雨功能。建筑结构方面，鲁西南土坯房通常采用夯土作为地基，以保证房屋的稳固性。土坯房多用砖石墙基，在四个角砌砖垛用于承重，墙体由土坯子一层层叠压而成，墙体较宽，一般为半米左右，以增强房屋的承重能力和保温性能。房顶普遍覆盖着灰瓦，其营造方式多样，既有采用单檐起脊硬山式的传统设计，也有构建为二层楼式的建筑样式。

（2）建筑风格与特点。

外观特点方面，鲁西南土坯房的外观古朴、简洁，色彩以土黄色为主，与周围的自然环境相协调。屋顶采用稻草或麦秸覆盖，形成独特的坡屋顶形式，为房屋增添了古朴的韵味。内部布局方面，鲁西南土坯房沿袭了经典的四合院或三合院格局，强调方位与空间的和谐共生。房屋的主体——正屋，稳稳地坐落在北方，面向温暖的南方，通常设计成三间房的结构，以一条中轴线为核心，左右两侧呈现出一种和谐对称的美感。东西两侧的房间，常被用作储藏室或厨房，既实用又便于管理。大门常位于东南角。步入屋内，客厅、卧室、厨房等功能区域分布合理，既相互独立又紧密相连，共同构成了居民日常生活的温馨空间。装饰与细节方面，鲁西南土坯房在装饰上注重实用性和朴素性，门窗多采用木制或石制，与房屋整体风格相协调。同时，房屋周围的绿化和景观布置也体现了当地居民对自然环境的尊重和利用。

（3）历史文化价值。

鲁西南土坯房，作为山东地域文化的一颗璀璨明珠，承载着丰富的历史底蕴与文化价值。它们不仅是当地居民世代居住、生活的真实写照，更是中国传统民居文化宝库中不可或缺的一环。通过对鲁西南土坯房的研究和保护，可以更好地了解中国传统民居的多样性和地域特色，促进传统文化的传承和发展。

随着社会的发展与城市化浪潮的推进，鲁西南土坯房的数量正逐渐缩减，但其蕴含的历史文化底蕴与价值却越发显得珍贵。这些房屋不仅是地域文化的活化石，更是中华民族悠久历史的见证者。近年来，一些地方政府和民间组织开始加强对鲁西南土坯房的保护和修复工作，通过制定相关政策、投入资金等方式，努力让这些珍贵的文化遗产得以传承和发扬。同时，也希望通过这些努力，让更多的人了解和关注中国传统民居文化的魅力。

2. 豫北石砖瓦院

石砖瓦院是豫北和豫东平原地区常见的民居形式，其设计讲究平面方正、中轴对称，形成了清晰的空间流动与完整的布局结构。此类民居的独特建筑风格与所采用的建筑材料，深刻反映了豫北地区悠久的历史脉络与鲜明的地域文化特征，是当地文化传承与发展的重要载体。

（1）建筑材料与结构。

在建筑材料方面，因地制宜、就地取材，豫北以石材为主，而豫东平原墙体通常是用河沙、黏土为原料烧制而成的青砖。豫北石砖瓦院的主要建筑材料包括石砖、瓦片和木材。石砖作为墙体和地基的主要材料，体现了豫北地区丰富的石材资源和石砌技术。瓦片用于屋顶的铺设，具有防雨、隔热和保温的功能。木材则用于梁、柱、门窗等结构的制作，提供了良好的支撑和通风效果。在建筑结构方面，豫北石砖瓦院通常采用传统的庭院式结构，以院落为中心，四周布置房屋、厅堂、厨房等建筑。院落尺度适中，既有利于采光通风，又体现了豫北地区特有的山地和人文环境。房屋结构以木框架为主，石砖墙体厚重坚固，瓦片屋顶坡度适中，便于排水。

（2）建筑风格与特点。

首先是布局合理，豫北石砖瓦院的布局合理，功能明确。院落空间宽敞，房屋布局紧凑有序，既满足了居民日常生活的需求，又体现了中国传统民居的和谐与统一。其次是风格独特，豫北石砖瓦院的建筑风格独特，具有浓厚的地方特色。石砖墙体的厚重感和瓦片屋顶的轻盈感相互映衬，形成了独特的视觉效果。同时，房屋的门窗、檐口等细部处理也体现了豫北地区传统民居的精致和细腻。最后是实用性强，豫北石砖瓦院在设计和建造过程中充分考虑了实用性和舒适性。房屋内部空间布局合理，采光通风良好；院落空间宽敞明亮，便于晾晒谷物和储存物品；屋顶设计考虑了排水和防雨功能等。

（3）历史文化价值。

豫北石砖瓦院作为豫北地区传统的民居形式之一，具有重要的历史文化价值。这些石砖瓦院不仅是当地居民生活的重要场所，也是豫北地区历史文化的重要载体。通过对这些石砖瓦院的研究和保护，我们可以更好地了解豫北地区的历史文化、民俗风情和建筑风格等方面的信息。

三、入海口土坯房

河口三角洲地区的入海口土坯房确实展现了其独特的建筑风格和适应性。由于常年受水患影响以及盐碱地的腐蚀性，这些土坯房在设计上充分考虑了环境的特殊性。

1. 建筑布局与结构

为了应对水患，土坯房通常建立在较高的台基之上，这不仅可以有效防止洪水侵袭，还能避免地下水位过高对房屋的影响。由于水患和盐碱地的影响，院落往往设计得较大，既便于排水，也为晾晒物品和通风提供了充足的空间。房墙基多采用砖砌，以应对盐碱地的腐蚀。上面则垒土坯，中间隔一层麦草，这种设计不仅增强了墙体的稳定性，还能有效防止碱腐蚀。房梁微微弯曲架在柱顶之上，屋顶则覆盖着厚实的泥层，经过精心抹平，中央部位微微隆起。这一独特设计，不仅巧妙地促进了雨水的自然排流，还有效提升了屋顶的保温与隔热效能。

2. 建筑材料

建筑材料主要是有两类：碱土和麦草。由于此地为盐碱地，对砖的腐蚀性大，所以建筑材料一般为当地的碱土。碱土虽然易受腐蚀，但在当地工匠的巧妙运用下，通过合理的建筑结构和材料搭配，依然能够建造出坚固耐用的房屋。麦草在墙体中起到隔层和防腐的作用，既增加了墙体的稳定性，又能有效防止碱腐蚀。

3. 风格特点

入海口土坯房整体建筑风格厚重朴实，体现了当地居民对环境的适应和对生活的热爱。这种风格不仅具有独特的审美价值，也体现了中国传统民居的精髓。

四、胶东海草房

海草房，作为世界生态民居的典范，主要分布在胶东半岛的威海、烟台、青岛等海滨区域。这里的气候独特，夏季湿润多雨，冬季则银装素裹，严寒袭人。面对这样的自然环境，当地民居在设计上着重于冬季的保温防寒与夏季的防雨防晒。居民们凭借世代相传的建筑智慧与实战经验，巧妙地采用厚重石料砌筑墙体，用海草晒干后作为材料苫盖屋顶，构建出既适应环境又富有特色的居住空间。作为一种极具地域特色的民居建筑形式，不仅具有深厚的历史文化底蕴，还展现了当地居民独特的建筑智慧和生活方式。

1. 建筑特点

（1）结构模式：海草房采用三角形高脊大陡坡结构模式，屋脊一般呈50°倾斜，脊部两端的海草要苫得高于中间，这样的设计有利于冬天不积雪，夏天不存水，同时防风防潮。

（2）建筑材料：海草房的屋顶材料，不是一般的海草，而是生长于5至10米浅海区域的大叶海苔等自然野生藻类。得益于其生长环境，这些海草富含卤素与胶质成分，赋予了屋顶防虫蛀、抗霉变及不易燃的卓越特性。此外，这样的屋顶设计还带来了冬暖夏凉的舒适居住体验，历经百年仍坚固如初，彰显了其卓越的建筑品质与耐久性。

（3）建造工艺：海草房的流程繁复而精细，包含五个步骤（檐头、苫屋坡、封顶、洒水、平实），共70多道工序，全程依赖匠人手工完成。其中最关键的步骤是往屋顶上苫海草，当地人盖房又称“苫房”。这一工艺对工匠的经验与技艺要求极高，唯有经验丰富的“苫匠”方能胜任。海草铺设的紧密度与精确度，直接决定了海草房的耐用性与居住品质，是衡量其优劣的关键所在。

2. 建筑样式与布局

海草房的建筑样式多样，常见的有三合院、小四合院以及一正一厢等布局。其中，三合院作为最为常见的形式，其结构特色鲜明，由北侧排列的3至5间正房、东西两侧的厢房以及环绕南侧的院墙共同组合而成。这种布局既适应了胶东半岛多山和丘陵地区的地形特点，又满足了当地居民的生活需求。

3. 文化价值

海草房不仅是当地居民智慧的结晶，也是胶东半岛地区独特的地域文化符号。它不仅体现了当地人对自然环境的适应和改造能力，还展示了他们对美好生活的追求和向往。同时，海草房作为一种传统民居建筑形式，也具有重要的历史、文化和科研价值。

随着社会的发展和城市化进程的加速，胶东海草房面临着逐渐消失的危险。为了保护这一珍贵的文化遗产，当地政府和社会各界已经采取了一系列措施进行保护和传承。例如，将海草房技艺列入非物质文化遗产名录、加强对海草房的保护和修缮、开展海草房文化旅游等。

这些措施的实施不仅有助于保护和传承海草房这一文化遗产，还有助于推动当地经济的发展和文化的繁荣。

第二节　黄河下游现代乡村宜居住宅研究*

一、宜居住宅的含义

金山银山不如绿水青山，生态宜居已逐渐成为我们对住宅品质的新要求。宜居是宜人的自然生态环境与和谐的社会和人文环境的有效结合。宜居，即指自然生态与社会人文环境的和谐统一，旨在打造舒适、安全、和谐的居住体验。宜居的住宅环境着重强调人与自然的和谐共处，注重居住者的身心健康。这样的环境不仅为居住者提供了健康、舒适的室内外空间，还满足了他们心理层面的需求。在建筑内部，合理的房屋结构、明确的功能分区以及优良的通风、采光、隔音、节能等功能，共同营造了一个宜居的居住环境。

二、乡村生态宜居住宅设计原则

为助力乡村振兴，采取因地制宜、因人制宜的原则对民居进行设计建造，努力打造生态、宜居的现代化乡村住宅，为居民提供良好的人居环境和完善的基础设施。

1. 回归自然，就地取材

在民居建设中，要根据地域和产业特色，优先选用当地建材。这种就地取材的方式不仅有利于回归自然、亲近本土文化，更能有效节约资源，降低环境负担。

---

* 周莹，等．乡村振兴战略下基于特色产业的乡村生态宜居住宅的研究——以菏泽市庄寨镇为例［J］．现代农机，2022，10（5）：27－30.

2. 以人为本，舒适宜居

在住宅内部空间的设计上，坚持以人为本的原则，通过合理的布局和细致的设计，充分满足村镇居民的生活需求。同时，我们致力于提升居民的生活质量，为他们打造一个舒适、宜居的生活环境。

3. 低碳节能，降低能耗

为了实现绿色可持续发展，应积极推行住宅节能设计，并选用适合农村居民使用的节能设备。在保障居民舒适生活的同时，努力降低能耗，为环境保护贡献一份力量。

4. 因地制宜，降低造价

在改善乡村居民生活条件的同时，应注重控制建造成本，通过因地制宜的设计，最大化提高住宅面积的利用率。同时充分利用日照、自然通风等自然资源，减少能耗，进一步降低生活成本支出，让乡村居民在享受美好生活的同时，也能实现经济效益的最大化。

三、现代乡村生态宜居住宅设计案例

现代乡村宜居住宅设计应充分考虑传承当地历史文化传统，延续当地的民风习俗，注意保留和发扬传统乡村住宅中符合农民生活习惯、生产规律的平面布局和空间组合，建设真正属于现代乡村安全、适用、美观、节能环保的住宅。我们以菏泽市曹县庄寨镇为例，结合当地民居风格和产业特色，进行乡村生态宜居住宅设计研究，为居民提供理想的绿色、生态、宜居环境的同时，促进庄寨镇特色产业、特色乡村发展。

1. 建筑设计部分

传统建筑的方位朝向是坐北朝南，旨在夏季最大限度地减少太阳光的直射，减少外墙和室内的热负荷；而在冬季，则确保适量的阳光能够温暖地照射进室内，提升居住舒适度。根据当地居民多样化的生活需求和住宅特点，对建筑平面进行了精心的规划和布局。房间配置丰富，包括客厅、卧室、卫生间、书房、厨房和餐厅等，充分满足居民日常生活的各项需求。此外，还特别考虑了村民喜爱室外晾晒和休闲娱乐的习惯，因此特别设计了一个视野开阔的服务晒台，让居民在享受阳光的同时，也能享受户外活动的乐趣。

在遵循“一院一家”这一当地传统居住理念的基础上，住宅采用了独立院落式的布局，延续了当地民居的独特风格。住宅共两层，一层层高3.3米，二层层高3米，建筑总高度达到9.3米，总建筑面积为400平方米。为了确保住宅的安全性和耐久性，我们设定了50年的设计使用年限，建筑耐火等级为二级，安全等级为二级，防水等级也为二级。住宅的院落设计采用了三合院的形式，东、西、北三侧布置房屋，南侧则开设大门，方便居民出入。整个设计既体现了传统建筑的韵味，又充分考虑了现代生活的实际需求，旨在为居民提供一个舒适、安全、和谐的居住环境。住宅效果如图9－1所示。

图9－1　庄寨镇乡村宜居住宅效果

（1）一层平面设计。

在住宅的平面布局中，严格遵循了以人为本、追求宜居生活的原则。进入院门后，首先映入眼帘的是一道影壁墙，它不仅是传统院落文化的传承，更为居住者带来了一份宁静与私密。在一层布局上，特别考虑了老年人的居住需求。左侧设有老人房，并配备独立卫生间，保证了老人的清静与独立，同时也避免了与年轻人生活的相互干扰。老人房旁边是棋牌室，为他们提供了一个休闲娱乐的绝佳场所，可以在这里尽享棋牌之乐，充实晚年时光。右侧则是厨房与餐厅的区域。我们特意将厨房与就餐区域分离，有效解决了传统农村民居中厨房油烟对就餐环境的干扰问题，让用餐体验更加舒适。院落内，我们设计了一个灵活多变的小花园。这里既可以摆放娱乐设施，如秋千供家人休闲娱乐；也可以种植花草、作物，为住宅增添一份自然的韵味。两侧还设有连接厨房、餐厅屋顶露台的楼梯，方便居民进出。院落正北一侧则是主室，内部布局包括堂屋、卧室、卫生间和书房等房间。我们注重房间的动静分离与洁污分离，确保居住者在享受舒适生活的同时，也能最大化地利用空间。整体布局如图 9－2 所示，设计充分展现了对传统与现代融合、宜居与实用并重的追求。

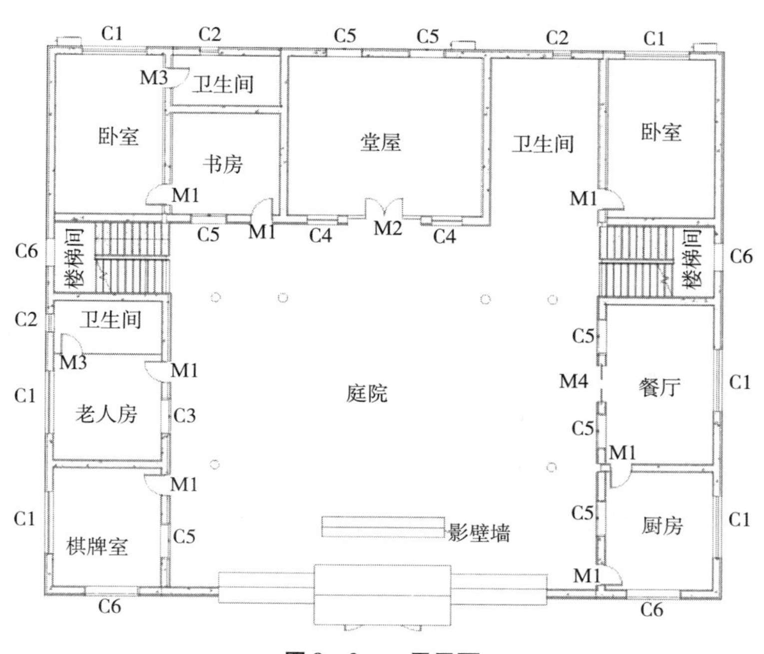

图 9－2　一层平面

（2）二层平面设计。

二层设有会客厅、主卧、书房、客卧、卫生间、多功能室、露台，为年轻人设置多功能室与一层老人的棋牌室相互分开，互不打扰，在厨房和棋牌室的上方设有露台（晒台），视野开阔，可供晾晒、无土栽培、布置景观等，如图 9－3 所示。

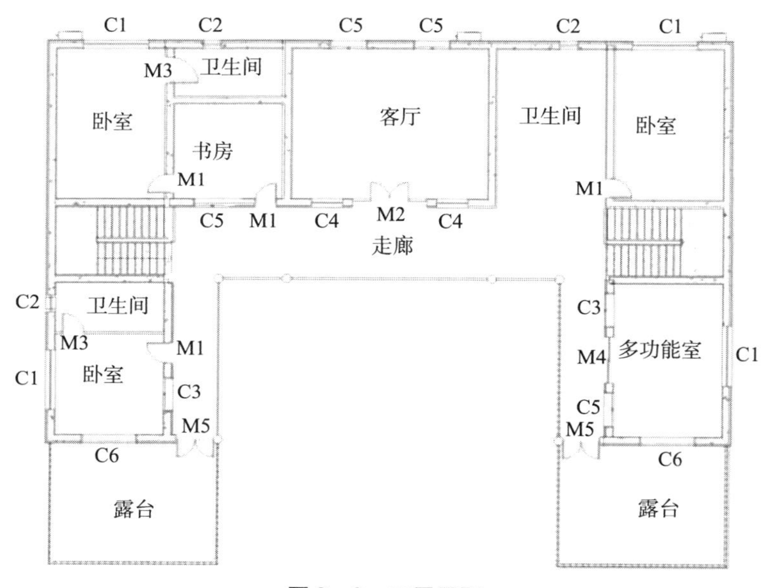

图 9－3　二层平面

（3）屋顶设计。

综合考虑功能、结构、建筑、外观等多方面要求，住宅主体结构采用传统双坡屋顶，屋檐下设置檐沟，有组织排水有利于集水，并在屋顶设置光导照明系统，引入自然光，减少照明耗能，屋顶平面如图 9－4 所示。

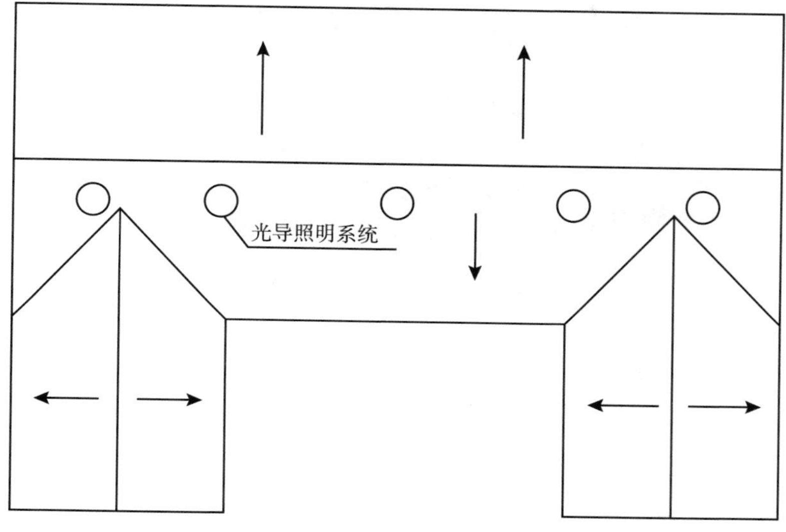

图9－4 屋顶平面

2. 结构设计部分

宜居住宅主体采用轻型木结构框架结构，由木构架墙、木楼盖和木屋盖组成结构体系，如图9－5所示。轻型木结构住宅具有良好的技术特点，木结构构件规格齐全、工业化生产程度高、施工简单、施工质量易控制、建造速度快、整体性好，而且造型可根据设计要求变化多样。基础采用现浇钢筋混凝土基础，连续浇筑，地板木骨架搁栅结构采用基木板锚固在基础墙上。墙体采用轻木结构墙骨柱承重，保温岩棉填充墙骨柱保温，相变石膏板、胶合木板做覆面板，预留门窗洞口。楼盖采用木梁与墙骨柱连接组成承重体系，木格栅中填充吸音棉，格栅上下拼接楼面板。屋盖采用轻型木屋架，外设保温隔热层、高聚物改性沥青防水卷材防水层、油毡瓦屋面。

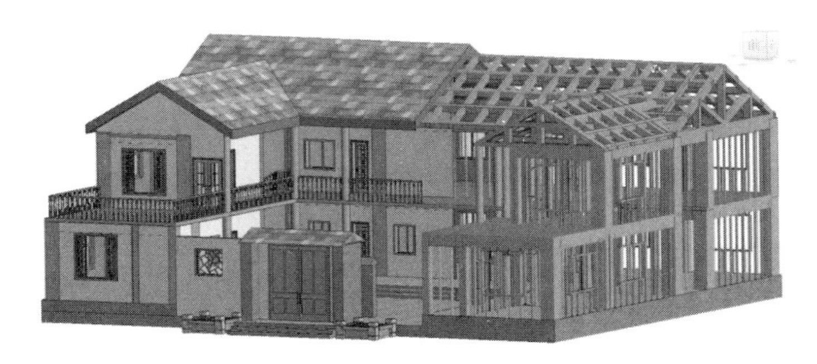

图9－5　轻型木结构骨架示意

3. 节能设备设计部分

（1）相变蓄热保温墙体。

轻型木结构建筑墙体的保温隔热一直是建筑节能的关键，墙体良好的保温隔热性能将给室内环境带来舒适的温度环境，同时减少空调、采暖的耗能。本宜居住宅轻型木结构墙体采用复合保温墙体，如图9－6所示。将传统木结构与现代相变蓄热保温材料相结合，墙骨柱间填充保温岩棉，起到良好的保温效果，外墙板采用胶合木板，内墙板采用自主研发的复合相变储能保温石膏板，防火相变石膏板可阻断火焰与木构件的接触，满足有关规范规定的耐火极限要求。复合相变储能保温石膏板的相变温度为25.2℃，相变潜热为25.1J/g，良好的保温蓄热能力、合适的相变温度和较大的相变潜热均适用于建筑墙体保温隔热，同时其吸水率为14.3%，可用于较潮湿的环境中，实验研究表明复合相变储能保温石膏板的隔热效果比普通石膏板提高了92.3%，保温效果比普通石膏板提高了60%，使用复合相变储能保温石膏板后室内从25℃降到16℃的室内舒适温度持续时间比使用普通石膏板增加了275%，复合相变石膏板的保温隔热、蓄放热效果显著。将此复合相变储能保温石膏板用于轻型木结构乡村宜居住宅中，可起到良好的蓄热和调温效果，做到“削峰填谷”，在夏季可吸收多余热量，降低室内温度，较少空调降温耗能，在冬季可降低采暖设备的开启次数，节省电能，做到节能减排。

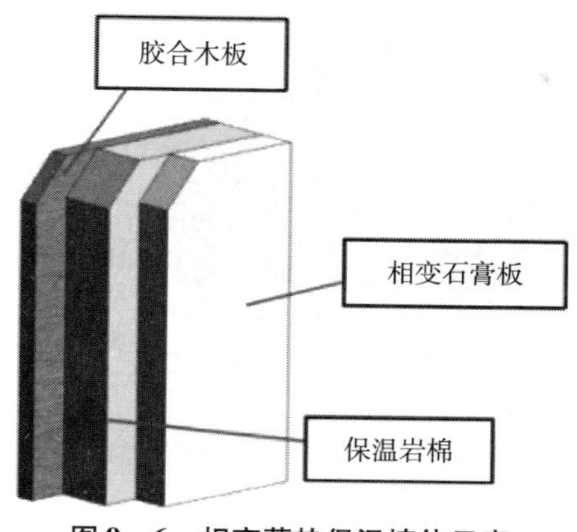

图9－6　相变蓄热保温墙体示意

（2）光导照明系统。

住宅二层廊道较宽，且屋檐较大，导致二层室内视线较暗，这也是很多现有民居存在的问题，由于进深多大，导致室内自然光照不足，增加灯光照明的使用，导致耗能增加。为使房间内光照充足，屋顶设置光导照明系统，如图9－7所示。运用采光罩、光导管、漫射器等设备进行采光。光导照明系统通过采光罩聚集室外自然光，并将自然光导入系统内部，再经过光导管强化与高效传输后，由系统底部的漫射器把自然光导入室内。光导照明系统的优点在于：在白天采集自然光，通过系统装置将自然光分配到较阴暗的室内房间，从而改善室内阴暗无光、少光的局面，减少电力照明耗能，有效节约电力资源；系统利用的是漫反射的自然太阳光，不会像普通照明系统那样出现频闪现象，光线更加温和，也不会像普通照明灯那样给人以刺激的感觉，长时间使用也不易造成视觉疲劳，采光罩表面的涂层能够隔绝大部分的紫外线，只有少量的紫外线能进入室内，这部分紫外线能够消灭部分室内微生物，起到维护人体健康的作用；系统中的采光罩、光导管、漫射器都可以重复利用，而且安全无毒，在整个使用周期内对环境零污染，对人体无害，同时在使用后还可以回收再利用，节约环保。

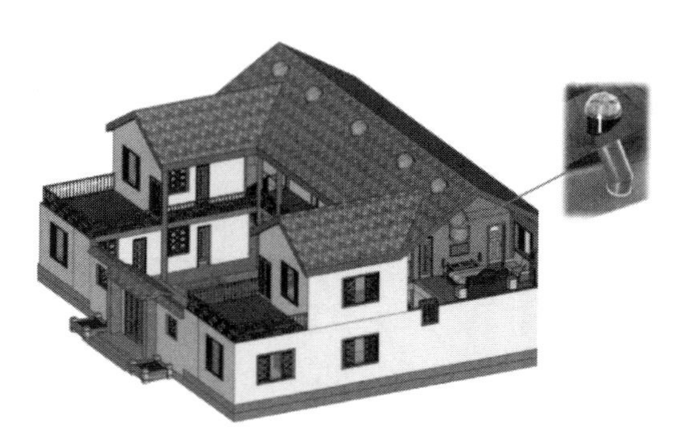

图 9－7　光导照明系统示意

（3）空气能空调系统。

乡村民居一般很少采用集中供暖，大多是各家空调或燃煤采暖，造成资源浪费和环境污染，而且空调和燃煤采暖很大程度上很难保证室内持续维持相对舒适的环境温湿度。本乡村宜居住宅采用节能环保的空气能空调系统，如图 9－8 所示。此系统采用了空调地暖热水一体机集空气源技术，同时实现制冷、采暖和热水供应，很好地解决了家居系统集成的问题，生活变得简单舒适。系统把室内的冷、热能量散发在室外的空气中，又从室外的空气中获取室内所需要的热量或冷量，从而实现采暖或制冷，室内的空调为中央空调，采暖为地暖，夏季主要为室内多台内机提供冷冻水进行降温，冬季为室内的地暖或空调提供热水，得到最舒适的冷暖体验；采用热回收技术，将空调室外机排出的废热有效利用于加热生活热水，达到节能减排的效果，该系统比传统电热水器节省 80% 的电，比太阳能热水器节省 30%，节能高效，符合现代乡村民居生态环保的特点。

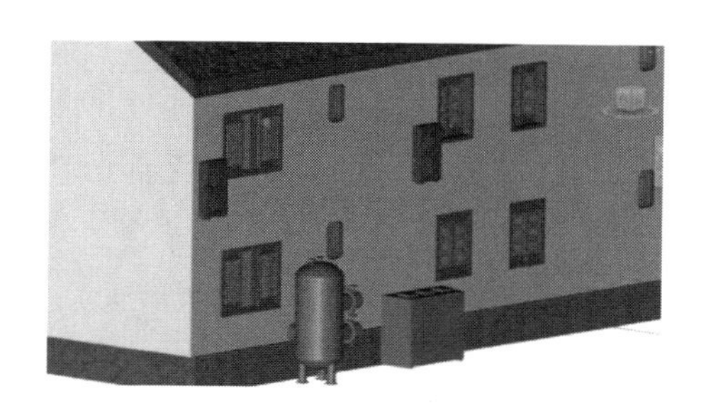

图 9－8　空气能空调系统示意

（4）双层节能窗。

卧室窗户采用外窗 + 内窗的双层窗设计，外窗采用推拉窗，内窗为设有可拆卸活动百叶窗内芯的平开窗。双层窗夏天可减少热量进入室内，同时百叶窗可以起到遮阳的效果，延缓室温升高、降低室内温度，从而节约耗能；冬天可以保护温暖的环境，具有良好的保温隔热效果。双层窗提高了窗户的抗风压性和水密性，还可以隔音降噪，远离室外的噪声，创造一个宁静的室内空间。

4. 雨水回收利用系统

轻型木结构宜居住宅的坡屋顶采用有组织排水方式，通过挑檐沟、雨水管、管道等将雨水（经过简单过滤后）收集至集雨池，雨水在集雨池内沉淀、净化后，可用于冲厕、浇灌等，雨水回收利用系统示意图如图 9－9 所示，此系统可有效再利用雨水，节约水资源，减少水涝，减轻水体污染以及改善乡村生态环境。

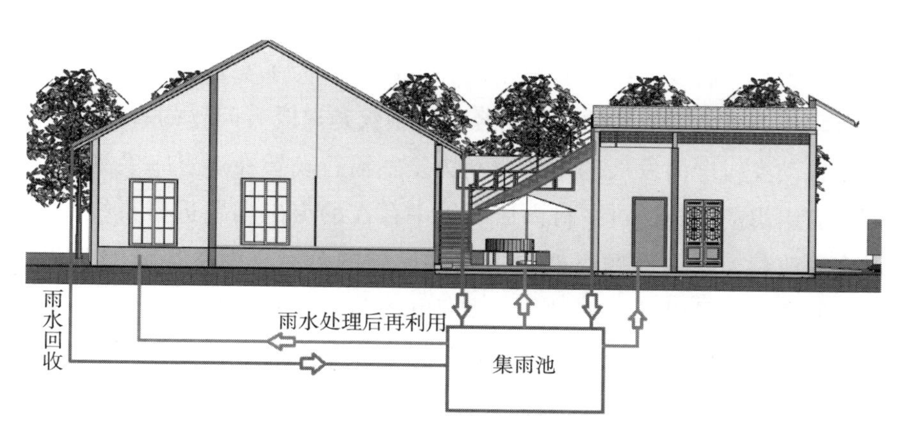

图 9－9　雨水回收利用系统

第十章

乡村人居环境优化研究

在广袤的中华大地上，乡村不仅是农业生产的基石，更是承载着深厚文化底蕴与生态智慧的重要空间。随着时代的进步与社会的发展，乡村人居环境的质量直接关系到亿万农村居民的福祉与乡村可持续发展的未来。因此，乡村人居环境优化研究，不仅是一项紧迫而重大的任务，更是开启乡村振兴新篇章的关键所在。为了实现这一目标，整治行动成为了不可或缺的实践路径，它不仅是对既有问题的直接回应，更是推动乡村全面发展的重要驱动力。整治行动旨在通过一系列有计划、有组织的措施，对乡村人居环境中存在的突出问题进行系统治理和全面改善。这些问题可能包括基础设施的落后、生态环境的恶化、公共服务的不足以及村容村貌的杂乱无章等。通过整治，可以有效提升乡村居民的生活质量，改善乡村的生产生活条件，促进乡村经济的繁荣和社会文化的进步，从而让乡村成为人民群众安居乐业的美丽家园。

第一节　乡村人居环境整治现状

乡村人居环境整治作为乡村振兴战略的核心驱动力，对于推动农业农村现代化进程具有举足轻重的意义。在党中央的宏观规划与战略引领下，农村环境面貌已发生了显著变化，展现出积极向上的发展态势。然而，不容忽视的是，当前广大农村地区在环境卫生、居住条件及基础设施建设等方面，相较于城市居民，仍存在着不容忽视的差距与挑战，整体质量的全面提升仍需持续努力与不懈奋斗。

一、乡村人居环境整治的进展情况

近年来，政府大力推进农村人居环境改善工作，经过一系列整治提升行动，取得了一定的进展。首先，乡村环境卫生得到了显著改善，垃圾分类和处理得到加强，污水处理设施逐步完善。长期存在的脏乱差问题得到了初步扭转，现在农村普遍呈现出了干净整洁有序的新面貌。其次，农村基础设施建设得到了加强，道路网络更加完善，供水、供电、通信等基础设施的普及与升级，为农村居民的生活带来了极大便利，也为农村经济的持续发展注入了强劲动力。此外，农民的环保意识也有所提高，他们开始积极参与到环境整治的行列中，用实际行动守护着自己的家园。这种从“要我改”到“我要改”的转变，彰显了农村社会治理的进步与农民素质的提升。

总之，当前乡村人居环境改善工作已取得显著成效，厕所革命、垃圾治理、村容村貌提升等一系列举措的实施，让农村面貌焕然一新，农民群众的生活品质得到了显著提升。这些成果不仅为全面建成小康社会奠定了坚实基础，也为乡村振兴战略的深入实施提供了有力保障。截至2023年底，全国农村卫生厕所普及率超过73%，农村生活污水治理（管控）率达到40%以上，生活垃圾得到收运处理的行政村比例保持在90%以上。农业农村部有关司局负责人表示，2023年我国总结推广“千万工程”经验，宜居宜业和美乡村建设有力有效。各地深入实施乡村建设行动，加快补上农村公共基础设施短板，有序推进农村人居环境整治提升，全国开展清洁行动的村庄超过95%，村容村貌明显改善。

二、乡村人居环境整治提升存在的问题

1. 乡村人居环境整治进展不平衡

从乡村人居环境整治项目上来看，整治项目较好的是垃圾治理，而污水治理和厕所革命还是比较大的短板。从区域进度看，经济发达地区起步早，基础条件好，人居环境整治水平就好一些。部分脱贫村受益于脱贫攻坚政策，乡村人居环境等基础设施也是明显提升，但其他地区的工作起步晚，居住条件相对薄弱，人居环境的基础设施尚待完善提升。

2. 规划引导相对滞后

由于全国大部分国土空间规划仍在编制中，而已完成规划的村庄，有的规划的操作性不强，有的规划和建设是“两张皮”，缺乏有效的执行机制，导致规划难以真正落地实施。部分村庄在规划时不能因地制宜，房屋设计缺乏个性，形成了百村一面的建筑，没有充分展现乡村的自然美和乡土味道，有的甚至乡村景观城市化，栽植草皮和高大上树种。部分农村人居环境整治工作缺乏科学的规划进行引导，导致整治工作存在盲目性和无序性，改厕、污水处理、垃圾治理等环境整治工作往往缺乏有效统筹，造成建设无序和资源浪费。在建筑风貌管理方面，一些村庄存在农房改造缺乏统一规划的问题，导致新建房屋虽多，但整体风貌杂乱无章，难以形成具有特色的新村面貌。此外，农业生产和乡村生活之间的衔接不畅也是一大问题，特别是农村厕所粪污和有机生活垃圾等废弃物的处理与利用问题尤为突出。一方面，这些废弃物缺乏有效的处理和资源化利用途径；另一方面，农业生产又急需有机肥等养分资源，两者之间的矛盾亟待解决。

3. 相关技术支撑不足

当前，乡村人居环境整治在产品研发、技术推广、技术标准及人员队伍建设等方面均面临显著挑战。在产品研发层面，尽管科研活动已有所开展，但针对农村特殊环境条件的研发基础依然薄弱。技术和

产品的开发往往未能充分考虑到农村的实际需求，尤其是干旱、寒冷等极端气候条件下的适用性。技术推广过程中，存在盲目套用城市技术模式或简单复制其他地区做法的现象。这种做法忽视了农村与城市之间以及不同地区之间的差异性，导致技术应用的效果大打折扣。技术标准体系的不完善也是制约农村人居环境整治的重要因素之一。目前，乡村人居环境领域在设施设备建设、运行维护、监测评估、管理服务等环节的标准体系尚不健全，缺乏统一、科学的指导规范。在人员队伍建设方面，农村人居环境整治领域普遍缺乏规划、施工、管理等领域的专业技术人才。现有人才队伍的力量相对不足，难以满足整治工作的实际需要。

4. 村民参与不够充分

受传统观念、长期生活习惯和经济社会状况的影响，部分村民尚未形成良好的卫生习惯，对环境卫生的重要性认识不足，尤其是对生活污水和垃圾所带来的环境危害缺乏深刻体会。这导致他们在环境卫生整治中的参与度低，积极性与主动性匮乏，甚至将环境整治视为政府单方面责任，自身则置身事外，成为旁观者。由于村民的广泛参与缺失，村庄环境卫生整治工作常面临挑战，尤其是在突击清理行动中，缺乏持久的动力与热情。即便短期内环境有所改善，也往往因后续维护不足而迅速回到脏乱差的状态，形成恶性循环。同时，部分地方政府在农村人居环境整治中存在过度干预的问题，未能充分尊重并听取村民的意愿。这种强行推动、一刀切的做法，忽视了农村地区的多样性和复杂性，容易引发村民的不满和抵触情绪。此外，单纯依赖经济手段来推动整治工作，而忽视了宣传引导、组织发动以及指导服务等重要环节，也导致了村民的参与度不高，使他们感觉被边缘化，成为了整治工作的局外人。

5. 长效机制有待健全

部分乡村在构建基础稳固、着眼长远的机制体系方面存在不足，具体表现为责任落实机制、资金投入机制、运营管护机制、督促检查机制及宣传引导机制等尚待完善。部分乡村的基础设施建设存在不规范现象，如已改造的乡村卫生厕所标准偏低，出现渗漏损坏等问题，亟须维修改造；生活垃圾收集处置设施布局不合理，设施不完善，运营负荷过重。在设施设备建设方面，存在前后端不配套的问题，影响了整体运行效率。对于乡村垃圾处置，虽然普遍采用“村收集、镇转运、县处理”的模式，但在偏远山区和高原地区，该模式的经济效益不佳，存在明显短板。同时，部分乡村在推进人居环境整治工程项目时，存在重数量轻质量的现象，对项目建设全程的质量控制把关不严，导致产品质量和施工质量出现问题，影响了设施的实际使用效果，引发了村民的不满。

上述问题既有发展阶段中的问题，也有整改推进中的问题，需要区分开来，因地制宜、因时制宜，逐步解决。

第二节 乡村人居环境整治路径分析

农村人居环境，即乡村人居环境，是系统工程，需要持久发力，久久为功。2021 年底，中共中央办公厅、国务院办公厅印发了《农村人居环境整治提升五年行动方案（2021－2025 年）》，方案明确了农村人居环境整治提升工作的指导思想，工作原则，总体目标，重点任务和保障措施，五年行动方案中，没把整治丢掉，因为有些农村的整治还没有完成。在制定行动方案的时候，把它确定为整治提升。五年行动方案设定了至 2025 年的明确目标，旨在显著提升农村人居环境，推动生态宜居的美丽乡村建设取得新进展。具体而言，方案要求农村卫生厕所普及率稳步增长，并确保厕所粪污得到有效处理；同时，农村生活污水治理率需持续提升，严格控制乱倒乱排现象；农村生活垃圾无害化处理水平需显著提升，鼓励有条件的村庄实施生活垃圾分类与源头减量。此外，方案还强调了乡村人居环境治理水平的整体提升及长效管护机制的基本建立。针对不同区域，方案设定了差异化的目标任务：东部地区、中西部城市近郊区等具备良好基础的地区需进一步加速发展；中西部具备基本条件的地区需稳步推进；而地处偏远、经济欠发达地区则需根据实际情况，采取适宜措施逐步改善。此举旨在避免脱离实际、层层加码、盲目追求进度的现象，确保农村人居环境提升工作的质量与实效并重。值得注意的是，五年行动方案虽未提出总体定量指标，但鼓励各地根据实际情况设定具体目标，强调实事求是、逐年提升的原则。未来，对各地推进工作的考核将兼顾数量与质量，特别关注质量时效，以确保农村人居环境改善工作的持续有效推进。

一、基本原则

推进“十四五”农村人居环境整治提升，必须按客观规律办事，确保好事办好、实事办实，在基本原则上做到五个坚持。

（一）坚持因地制宜

乡村人居环境整治提升应立足地方情况，一切从实际出发，注重同区域气候条件和地形地貌相匹配，同地方经济社会发展能力和水平相适应，例如，东西部一些刚刚脱贫地区财政承受能力有限，整治目标要实事求是，因地制宜，即所谓的适宜性；再如，生态敏感的地区推进乡村人居环境整治提升，生活垃圾污水治理等，要立足生态环保的实际，选择适宜的技术产品和模式，不能给环境带来负面效应。

（二）坚持乡土特色

我国幅员辽阔，从青藏高原到南海不同地域的村庄各有各的美，乡村之美不同于城市，美在自然基里，美在相逢相遇，美在田园乡村。在推进乡村现代化、提升农民生活质量的过程中，应高度重视村庄风貌的维护与塑造。房屋内部设计可充分融入现代元素，以满足居民对舒适生活的追求；而外部风貌则应保留并彰显乡土特色，实现外在风貌与内在功能的和谐统一。以近年来备受欢迎的民宿为例，其成功之处便在于巧妙地将传统建筑元素与现代生活设施相结合，既保留了红墙青瓦的古典韵味，又配备了现代化的生活设施，如马桶等，实现了传统与现代的完美融合。从事村庄规划和建筑设计，要带着感情去了解乡村，避免采用城市的风格，把乡村建设成别墅区。东方建筑有东方的风韵，农村传统建筑就体现了我们的文化自信。因此，在乡村规划与设计中，应积极融入传统元素，通过实地调研与深入实验，细致挖掘乡土文化的精髓，感受乡村的精神世界，探索中国式美丽乡村的建设路径。

（三）坚持农民主体

在乡村建设过程中，应始终将农民置于核心地位，致力于改善农村人居环境。必须充分尊重农民的意愿，将农民的满意度作为衡量乡村建设成效的关键指标。为此，需积极倾听农民群众的声音，广泛收集并认真考虑他们的意见和建议，充分吸纳农民的智慧与经验，确保乡村建设决策的科学性与民主性。在推进工作时，应努力争取农民的理解与支持，通过沟通与交流，激发农民的内生动力，让他们成为乡村建设的主体与决策者。对于农民期盼并愿意参与的项目，应迅速响应，积极实施；对于农民有意愿但尚需引导的项目，应耐心指导，携手并进；而对于农民暂时不愿接受的项目，则应尊重其选择，适时调整策略，避免强迫命令。在乡村改造方面，更应体现这一原则。对于农民有意愿且条件成熟的改造项目，应加快推进；而对于尚在犹豫或观望的农民，应给予充分的时间与空间，通过示范引领、政策宣传等方式，逐步引导其认识到改造的必要性与益处。待农民自愿接受并主动参与时，再行推动改造工作，以确保改造效果与农民意愿的高度契合。

（四）坚持求好不求快

农村人居环境的整治与提升，绝非一朝一夕可成的速决战，而是一场需持之以恒、久久为功的持久战役。在此过程中，必须秉持分期分批、循序渐进的原则，科学合理地设定目标任务与推进步伐，确保每一步都稳健而扎实。通过持续的努力与积累，将每一个小胜汇聚成最终的辉煌成就。而且，建设与管理同样重要，两者不可偏废。因此，在推进农村人居环境整治的过程中，应着力构建一套系统化、规范化、长效化的政策制度体系与推进机制。这一机制将涵盖规划、建设、管理、维护等各个环节，确保整治提升工作的连续性与可持续性，让农村人居环境在时间的洗礼中绽放出更加绚丽的光彩。

（五）坚持统筹推进

部分地区的农村人居环境整治与乡村建设缺乏系统性规划，往往采取单点突破、随机应变的策略，这种做法易导致"夹生饭"现象，即项目间缺乏衔接，资源浪费显著。例如，道路刚完成硬化即因铺设污水处理管道而被挖掘，显然是对资源的低效利用。因此，改善农村人居环境，应树立全局观念，坚持"先规划、后建设"的原则。以县域为单位，统筹规划各项重点任务，科学安排建设时序，确保农村人居环境整治与公共设施改善、乡村产业发展、乡风文明建设等相互促进、协调发展。在此过程中，加强规划引领至关重要，应严格按照规划推进工作，避免"今天建设、明天整治"的重复劳动。县级政府应充分发挥主体作用，从全局出发，合理规划、精心组织，确保各项整治提升工作有序推进。在村级层面，也应加强协调与统筹，避免各自为政、项目重叠的现象发生，真正实现农村人居环境的整体提升。

二、乡村人居环境整治的重点工作

（一）扎实推进农村厕所革命

农村厕所革命是农村现代化的重要标志，关系亿万农民生活品质。目前，东部地区农村厕所整治提升有了明显成效，今后重点工作是稳步推进中西部地区农村改厕，选对选准技术模式是中西部农村厕所革命取得扎实成效的关键，尤其在东北寒冷地区，西南喀斯特地区，中部一些经济欠发达，水资源相对短缺的地区普遍面临着干旱、寒冷的实际困难，改厕的技术难度大，投入成本高，需要技术合适的厕所模式，要因地而异。此外，厕所粪污处理作为农村改革的核心，直接关系到日常使用与环境保护，需建立健全长效管护机制，包括日常巡检、设备维修、粪污治理等，确保改厕工作持续有效，惠及广大农民。

（二）加快推进农村生活污水治理

生活污水治理是乡村人居环境整治提升的突出问题，已经成为影响乡村人居环境改善的主要痛点和难点。今后，应把这项工作摆在突出的位置，稳步提升农村生活污水的治理的能力和水平。首先，是各地应根据自身实际情况，科学编制农村生活污水治理专项规划或方案，明确治理目标、任务、区域布局、治理模式、运维管理等内容。以农村生活污水治理率为核心指标，设定合理的阶段性目标。其次，注意因地制宜，分类施策。针对不同地区的地理、气候、经济等条件，采取差异化的治理策略。例如，在平原地区可以优先考虑纳入城镇污水管网，而在山区、丘陵地区则可以采用分散式处理设施。同时，根据污水水质、水量及排放要求，选择合适的治理技术模式。优先采用资源化利用、生态治理等措施，实现污水的减量化、无害化和资源化。另外，还要注重宣传和教育。通过各种渠道和方式加强对农村生活污水治理的宣传力度，提高农民群众对治理工作的认识和参与度。开展农村生态环境保护教育活动，普及环保知识，引导农民群众养成良好的用水和排污习惯。同时，鼓励农民群众积极参与治理工作，共同维护农村生态环境。

（三）全面提升乡村生活垃圾治理水平

在推进乡村人居环境整治提升中，要完善治理体系和提高治理水平。鉴于当前已达成91%村庄垃圾收运处理的基本覆盖，接下来的战略重心应聚焦于全面充实与合理配置相关设施设备，并科学优化其空间布局，旨在显著提升设施的整体运行效能与服务质量。与此同时，应积极启动并推进垃圾源头分类与减量化的试点项目，充分挖掘并利用农村特有的自然分类优势。例如，鼓励农民将厨余垃圾转化为堆肥资源，实现资源循环利用；引导将剩菜剩饭作为畜禽饲料，促进生态养殖；倡导对有价值物品进行回收再利用，增加农民收入。基于这些本土化的分类实践，通过试点项目的逐步推广，将有效减少最终需处理的垃圾总量，从而缓解现有处理设施的压力，并显著降低安全处理过程中的成本支出，为农村环境的可持续发展奠定坚实基础。

（四）推动村容村貌整体提升

当前，尽管村容村貌已显著提升，但部分村庄在规划、秩序与特色建设方面仍存在明显短板，具体表现为农房无序建设、柴草与农具随意堆放、电线杂乱拉设等普遍现象。此外，部分地区还存在盲目攀比，追求奢华景观建设的现象，这些举措与村庄整体风貌相悖，未能体现地域文化的精髓。在“十四五”规划期间，应双管齐下，一方面，致力于优化村庄公共环境，全面开展“四大乱”（乱建、乱堆、乱放、乱拉）现象的清理整治行动，对残垣断壁进行修缮或拆除，并加强对农村电力、通信、广播电视等“三线”的规范管理与维护，确保村庄环境的整洁有序。另一方面，需强化乡村风貌的引导与塑造，注重挖掘并凸显乡土特色与地域文化，将原生态的村居风貌与现代设计理念巧妙融合，力求在保留原有村庄形态的基础上，通过微改造与精细化提升，改善农民的生活条件。同时，鼓励就地取材，倡导将废弃物转化为实用或装饰元素，实现资源的最大化利用，坚决反对推倒重建、大拆大建的不合理做法。在此基础上，进一步优化村庄的生产、生活与生态空间布局，加强传统村落的保护力度，确保村庄形态与自然资源、传统文化相互映衬，共同构建和谐美好的乡村图景。

（五）建立健全长效管护机制

当前，尽管众多地区已相继建成公共厕所、污水垃圾处理站等基础设施，但其在运行管理与维护方面仍面临显著挑战，问题凸显。在“十四五”规划期间，应将此问题置于更加关键的位置，秉持“机制先行，工程随后”的原则，致力于构建政府、市场主体、村集体及村民等多方协同参与、共同管理的全新格局。为实现这一目标，首要任务是明确责任划分，综合考虑政府职责、资金来源、受益群体等多方面因素，科学合理地确定设施管护主体，并保障充足的管护经费。同时，需建立健全管护标准与规范体系，为设施的高效运行提供制度保障。在经费保障方面，鼓励有条件的地区积极探索并实施农户合理付费制度。通过加强宣传引导、深入政策解读等措施，提升农民群众对使用者付费制度的认知度与接受度，逐步树立其作为环境保护主体的责任意识。农村人居环境设施设备的运行管控应充分体现农民的责任与义务，逐步建立起以农户合理付费为基础，村级组织统筹协调，政府与市场力量提供必要补助的多元化运行管护经费保障机制。关于农户付费的具体数额，其量化标准需结合实际情况灵活确定；而农户是否愿意付费，则直接反映了其对于环境保护的重视程度与参与度，是质的问题。通过引导农民适当付费，旨在激发其爱护环境、守护家园的主人翁意识，进而确保农村人居环境设施设备的可持续运行与良好维护。

第三节　乡村人居环境整治关键技术

乡村人居环境综合整治和提升，是建设有中国特色社会主义新农村和生态文明中国的关键所在。当前乡村人居环境综合整治提升过程中的问题明显，以下相关技术政策将为化解难点问题提供技术支持。

一、厕所革命关键技术

厕所革命就是要改变以往厕所脏、乱、差的状况，对以往传统旱厕的改造进行无害化厕所建设。厕所革命是村民生活质量水平提高的民生工程，也是对农村生态文明建设的重点工程项目。

1. 农村厕所革命常用技术

目前我国厕所革命常用技术有三格化粪池、双翁漏斗式、三联通式沼气池、粪尿分集式、双坑交替式和下水道水冲式6种。

2. 农村厕所革命新技术

随着厕所革命的大力推进，各科研单位及环保企业也相继开展大量的研究工作，出现了一系列生态新技术新产品，例如，循环水冲式厕所、发泡式生态厕所、组合式生态卫生旱厕、无水堆肥式生态厕所等。

3. 农村厕所革命的技术思考

农村厕改要在满足用户基本需求和传统使用习惯的基础上，科学设计厕所系统内部结构，筛选高效的微生物菌群，选择适宜技术工艺及材料，使粪污达到最大限度的减量化和无害化。严防二次污染。无害化厕所建设不仅要确保粪便的安全处理，还需妥善处理粪液与粪渣，避免对周边环境造成不良影响。例如，陕西省推行三格化粪池系统，有效处理粪便后接入城市排污网或经自然生态处理，减少出水污染负荷，既缓解污水处理厂压力，又降低环境风险。

提高农户卫生意识，引导农户规范使用卫生厕所。山东省通过多元化宣传手段，如集中培训、入户宣讲、广播及黑板报等，普及卫生厕所使用知识，提升农户使用规范性。利用各类农村宣传平台，开展改厕健康教育，促进农户卫生习惯的改变。

规范管理。宁夏回族自治区实施严格的户厕建设档案管理，并强化日常维护与责任制度，确保配件供应及时、维修到位，保障设施完好与正常运行。吉林省则倡导社会化专业服务机构的参与，提供技术咨询、教育培训等全方位支持，并建立健全运行维护管理制度，为农村无害化卫生厕所的长效运行提供坚实保障。

二、乡村生活污水治理关键技术

1. 农村生活污水处理模式

从污水处理的分类角度来看，我国农村当前的处理方式主要包括传统模式、生态处理模式以及强化自然处理模式。依据污水收集方式的不同，这些模式可进一步细分为城市管网截污模式、集中处理模式以及分散式污水处理模式。每种模式都基于特定的环境和资源条件，以实现高效的污水处理和资源化利用。

2. 农村生活污水处理技术

在推进农村生活污水治理时，应充分考虑农村实际条件，依托先进技术，确保治理工作的顺利进行，从而保护农村生态环境。当前，我国农村污水处理技术按照主体工艺单元构成，主要划分为三种类型：人工处理（侧重于生物与物化强化技术）、半生态处理（结合厌氧技术与人工湿地、氧化塘等）以及生态组合处理（如土壤渗滤等）。这些技术旨在因地制宜，高效解决农村污水问题。

3. 农村生活污水处理的对策建议

在我国农村生活污水的处理过程中，应紧密结合各区域农村发展的实际情况，科学设定出水水质标准。同时，为积极践行 2030 年碳达峰与 2060 年碳中和的宏伟目标，在农村环境治理技术策略的选择上，应秉持因地制宜的原则，灵活设定既符合当地实际又促进可持续发展的出水排放与资源利用标准。另外，应充分挖掘并高效利用农村地区的就近能源资源，实现从单纯聚焦于污染物处理到治理与资源利用并重的根本性转变。这一目标导向下，我们的工作重心将不再局限于污染治理本身，而是要将治理过程与绿色农业生产、美丽乡村建设等发展目标深度融合，共同推动形成低耗低碳、资源循环利用的农村发展模式。

梯次推进农村生活污水治理。应当根据农村的具体特点，如地理位置、人口规模、地形地貌、污水排放量和波动情况、周边生态环境等，制定不同的治理策略。在此过程中，应高效整合既有基础设施资源，将村民自发建设的排水渠道有序纳入统一污水收集体系，并科学规划污水处理设施的布局与建设。实施策略需兼顾当前污水处理的紧迫性与长远发展的可持续性，既要立即响应处理需求，又要避免盲目扩张导致的资源浪费与环境负担。同时，将污水治理与乡村振兴、生态保护等重大战略紧密衔接，形成协同效应，全面促进农村社会经济与生态环境的和谐共生。政府作为主导力量，应精心策划基础设施建设蓝图，确保资源优先配置于村民最为关切、影响面最广的需求上。例如，在人口密度较高的区域，可优先构建垃圾集中处理点与深化农村厕所改造，随后稳步推进污水处理厂的建设，以此路径逐步构建起农村环境治理的坚实基石，为农村可持续发展与生态文明建设贡献力量。

强化农村生活污水治理项目全周期管理。应以县级为单位进行统一规划，确保从规划到实施、再到后期维护的全流程有序进行。这样的管理方式不仅有助于我们全面掌握建设进度和资金使用情况，还能确保财政资金的合理分配和高效利用。农村生活污水治理是一个长期且系统的工程，需要综合考虑项目选址、设备采购、资金筹措等多方因素，以实现雨污分流，营造宜居的乡村环境。

研究开发适用技术。污水处理技术在农村地区的应用，必须紧密结合当地实际，避免生搬硬套城市或其他区域模式。应采用多元化的污水处理模式，并持续追踪、引进及研发新技术，力求找到与农村特定环境最为匹配的解决方案。这一过程中，一线工作者需深入田间地头，开展详尽的实地调研，精准识别当地污水治理所面临的独特挑战。同时，重视村民的主体地位，通过座谈会、意见箱等多种渠道广泛收集村民的意见与建议，确保治理策略能够真正反映民意、贴近民生。基于这些调研与反馈，灵活调整治理方案，确保污水处理措施既科学有效又接地气，为农村地区的生态环境改善与可持续发展奠定坚实基础。

积极推动农村生活污水处理规范化。我国幅员辽阔，农村之间地区之间差异较大。因此，应根据各地的实际情况，灵活组合运用不同的污水处理方法，确保治理措施的科学性和有效性。在此过程中，专业技术的作用至关重要。当地政府应在政策支持下，积极运用生物技术和生态技术等先进手段，构建标准化的农村生活污水治理体系，确保治理工作符合相关部门的标准和要求。

积极转变村民的思想。由于农村生活污水主要来源于村民的日常生活，他们的参与和配合对于治理工作的成功至关重要。基础管理人员应通过宣传教育等方式，增强村民对生活污水治理重要性的认识，让他们明白生活污水对自然环境的潜在危害。地方政府也应加大宣传力度，强化村民的环保意识和责任感，形成相互监督的良好氛围。这样，农村生活污水治理工作才能深入人心，成为村民日常生活的一部分，进而推动治理工作的深入发展。

三、乡村生活垃圾治理关键技术

农村生活垃圾是指生活在乡、镇、村、屯的农村居民在日常生活中或为日常生活提供服务的活动中产生的固体废物，以及法律、行政法规规定视为生活垃圾的固体废物。妥善解决农村生活垃圾污染问题，不仅是改善农村自然环境的关键举措，也是提升农村居民生活品质、践行生态文明理念的必然要求。通过科学管理与有效处理，我们能够显著促进农村生态环境的优化，为农村居民创造更加宜居的生活环境。

1. 农村生活垃圾处理模式

在选择适宜的农村生活垃圾处理模式时，必须充分考虑本地区生活垃圾的产生特性、地区经济发展水平和地理条件等核心因素，以确保所选模式能够最大化地适应并优化处理效果。目前，农村生活垃圾处理的主流模式可归纳为集中处理和分散处理两种，而这两种模式的选用需依据具体情境做出科学决策。集中处理模式通常适用于人口密度较大、垃圾产生量集中且经济条件较好的地区。通过建设大型垃圾处理设施，实现垃圾的统一收集、转运和处理，有助于提升处理效率，降低运营成本。而分散处理模式则更适用于人口分散、地形复杂、交通不便或经济条件有限的农村地区。它强调在垃圾产生源头进行分类、减量化和资源化利用，减少垃圾转运和处理的压力，同时降低对环境的影响。

2. 农村生活垃圾处理技术

生活垃圾处理的核心在于高效清除与科学无害化转化，旨在实现资源的最大化利用，达成无害、资源化与减量化的三重目标。当前，我国农村地区正积极采用多元化的处理技术，如填埋、堆肥、焚烧、厌氧发酵及热解等，这些技术不仅显著提升了处理效率，还促进了资源的循环再生，有效减轻了环境压力，体现了绿色可持续的发展理念。

3. 乡村生活垃圾处理的对策建议

乡村生活垃圾处理的优化对提升居民生活质量具有关键作用，它不仅守护着农村生态的纯净，也深刻影响着区域可持续发展的步伐与和谐美丽乡村的构建。为应对处理中的挑战，需实施有效技术策略，并强化村民的环保认知，以改善传统处理模式带来的问题。长远来看，我们应推动可持续的农村生活垃圾处理计划和资源化利用模式，不断探索适合本地实际的新路子，确保农村生活垃圾处理质量稳步提升，为农村地区的绿色发展贡献力量。

加强农村生活垃圾分类处理技术。许多村民在处理垃圾时习惯将所有垃圾混合丢弃，这不仅增加了后续处理的难度，还导致了大量可回收资源的损失。针对农村的实际状况，推行垃圾分类至关重要。可以将垃圾细分为可堆肥有机垃圾、惰性无机垃圾、可回收垃圾和有害垃圾等几类。从源头上实施分类收集，能显著减少后续处理的复杂性，并促进资源的有效利用。同时，针对可堆肥有机物与惰性无机物，研发适合农村环境的就近处理技术及配套设备，不仅能有效遏制混合填埋带来的资源浪费，还能削减集中运输成本，确保农村垃圾处理的稳定与可持续性。为提升垃圾分类处理的体系化与效率，需强化系统化的技术培训与指导，加大处理规范与操作指南的编制与传播力度。此举旨在增强农村垃圾分类处理设施的整体协调性与互补性，同时提升设施建设标准，保障其高效、稳定运行。

加强垃圾基础设施建设。在推动农村生活垃圾管理的过程中，应秉持因地制宜的原则，加强基础设施建设，以提升农村环保技术的质量。首先，需深入分析农村生活垃圾产生的原因及其特性，从而科学规划生活垃圾收集点、转运站及配套设施的布局。这有助于构建更为高效的垃圾收集与运输体系。特别是在设置垃圾桶时，应充分吸纳村民的意见，并借鉴其他地区成功的实践案例。垃圾桶的布局，包括其设置距离、数量以及垃圾收集区域的划定，均需细致规划，力求合理。过度增设设施可能带来资源浪费及后续维护难题，而设施不足则可能诱发随意丢弃行为，加剧“垃圾围村”现象。

加强宣传教育，提高农民环保意识。农民作为农村生活垃圾治理的核心力量，其积极性对于打赢这场治理战役至关重要。通过贴近农民生活的环保宣传教育活动，采用他们易于接受的方式，深刻揭示生活垃圾对生态环境和农业生产的负面影响，以及给日常生活造成的困扰。此举旨在激发农民的环保责任感与意识，引导他们主动学习并实践垃圾分类知识，逐步摒弃旧有的垃圾处理观念与习惯，真正实现环保意识的全面提升。

加强技术研究支持。为确保研究的顺利进行，需要专项经费的投入，以研发适合农村实际需求的实用设备。我们不仅要深入研究这些设备，还要持续提升农村地区生活垃圾处理技术设备的性能与效率。此外，建立示范工程是关键一环，通过实际案例展示先进技术的应用效果，增加技术投入，为农村地区提供可复制、可推广的成功经验。同时，我们需进一步完善农村地区生活垃圾的设施化标准，确保设施的规范化、标准化建设。

加强全方位监督及考核。各村委会应立足本地实际，制定针对性强、操作性好的管理制度与文件，为环境管理提供坚实的制度保障。

通过选拔村内优秀党员与村民代表，组建高效能的环境监督队伍，并清晰界定每位成员及领导的责任范围，确保职责明确、执行有力。该监督小组需定期深入村落，开展细致入微的环境检查，发现问题立即采取有效管理措施，确保问题迅速整改到位。针对周末集市、春节等关键时段，监督小组应加大巡查频次与力度，维护环境秩序，保障村容村貌整洁美观。同时，建立健全垃圾分类与处理考核机制，实施网格化管理，由村委成员分片包干，确保生活垃圾处理责任层层压实、任务到人。此举旨在激发村民参与垃圾处理的积极性，提升环保意识，使环保成为村民日常生活的自觉行动，共同推动农村生态环境向更加健康、文明的方向发展。

参 考 文 献

[1] 赵之枫．乡村人居环境建设的构想［J］．生态经济，2001（5）：50－52.

[2] 刘晨阳，傅鸿源，李莉萍．关于云南山地乡村人居环境建设模式的思考［J］．重庆建筑大学学报，2005，27（2）：15－18，22.

[3] 郜彗，金家胜，李锋，等．中国省域农村人居环境建设评价及发展对策［J］．生态与农村环境学报，2015，31（6）：835－843.

[4] 唐宁，王成，杜相佐．重庆市乡村人居环境质量评价及其差异化优化调控［J］．经济地理，2018，38（1）：160－165，173.

[5] 杨锦秀，赵小鸽．农民工对流出地农村人居环境改善的影响［J］．中国人口·资源与环境，2010，20（8）：22－26.

[6] 马婧婧，曾菊新．中国乡村长寿现象与人居环境研究——以湖北钟祥为例［J］．地理研究，2012，31（3）：450－560.

[7] 李伯华．农户空间行为变迁与乡村人居环境优化研究［M］．北京：科学出版社，2014.

[8] 刘彦随．城市与乡村应融合互补加速建设“人的新农村”［J］．农村·农业·农民（A版），2017（11）：27－28.

[9] 汪芳，苗长虹，刘峰贵，等．黄河流域人居环境的地方性与适应性：挑战和机遇［J］．自然资源学报，2021，36（1）：1－26.

[10] 于法稳，侯效敏，郝信波．新时代农村人居环境整治的现状与对策［J］．自然资源学报，郑州大学学报（哲学社会科学版），2018，51（3）：64－68，159.

[11] 章文光，刘丽莉．精准扶贫背景下国家权力与村民自治的“共栖”[J]．政治学研究，2020（3）：106－112，128.

[12] 刘守英．乡村振兴与农业农村优先发展[J]．金融博览，2021（4）：9－11.

[13] 王兴中，郑国强，李贵才．行为地理学导论[M]．西安：陕西人民出版社，1988.

[14] 李伯华，刘沛林，窦银娣．转型期欠发达地区乡村人居环境演变特征及微观机制——以湖北省红安县二程镇为例[J]．人文地理，2012（6）：56－61.

[15] 史磊，郑珊．“乡村振兴”战略下的农村人居环境建设机制：欧盟实践经验及启示[J]．环境保护，2018（10）：66－70.

[16] 马小英．乡村人居环境研究论文[DB/OL]．https：//www.wenmi.com/article/pq40uh05dshr.html，2022－04－17/2024－07－18.

[17] 陈燕．重庆市铜梁县乡村人居环境变化研究[D]．武汉：华中师范大学，2011.

[18] 刘效龙．省域农村人居环境规划编制探讨——以山东省为例[C]．规划60年：成就与挑战——2016中国城市规划年会论文集（15乡村规划）．沈阳：中国建筑工业出版社，2016：626－635.

[19] 夏涛．肥东县农村人居环境治理研究——基于乡村振兴战略视角[D]．合肥：安徽大学，2018.

[20] 龙花楼．中国乡村转型发展与土地利用[M]．北京：科学出版社，2012.

[21] 王云才，郭焕成，徐辉林．乡村旅游规划与方法[M]．北京：科学出版社，2013.

[22] 中华人民共和国中央人民政府．中华人民共和国乡村振兴促进法[DB/OL]．https：//www.gov.cn/xinwen/2021－04/30/content_5604050.htm，2021－04－30/2024－07－18.

[23] 阎登科，舒志定．新时期农民概念的界定与新型农民教育

[J]. 湖州师范学院学报，2024，36（12）：1-4，15.

[24] 张春莲. 新型农民理论的国内文献综述 [J]. 安徽农业科学，2008，36（29）：12991-12993.

[25] 高建民. 中国“农民”的概念探析 [J]. 社会科学论坛（学术研究卷），2008（9）：65-68.

[26] 秦晖. 农民、农民学与农民社会的现代化 [J]. 中国经济史研究，1994（1）：127-135.

[27] 乔观民. 大城市非正规就业行为空间研究 [D]. 上海：华东师范大学资源和环境科学学院人口研究所，2005：67.

[28] 刘静，常明. 【农业强国光明谈】改善农村人居环境加快建设和美乡村 [DB/OL]. 光明网 https：//kepu. gmw. cn/2022-11/12/content_36154365. htm，2022-11-12/2024-07-18.

[29] 张志英. 土丘陵区乡村居民流动性的空间特征及影响因素研究——以兰州市为例 [D]. 西安：西北师范大学，2020.

[30] 汪芳，方勤，袁广阔. 流域文明与宜居城乡高质量发展 [J]. 地理研究，2023（4）：895-916.

[31] 李正文，刘彩凤，王娟. 农民创业选择及其过程机制研究 [DB/OL]. https：//wenku. so. com/d/7027f638b2057025c16e7395edc81f98？src=ob_zz_juhe360wenku，2021-12-03/2024-07-18.

[32] 李伯华，曾菊新. 基于农户空间行为变迁的乡村人居环境研究 [J]. 地理与地理信息科学，2009（5）：84-88.

[33] 刘英. 民国时期东平县乡村结构分析 [J]. 西安文理学院学报（社会科学版），2010（1）：8-11.

[34] 卢青，王彬，黄明. 我国农村人居环境问题研究述评 [J]. 社会科学动态，2023（5）：81-87.

[35] 顾康康，刘雪侠. 安徽省江淮地区县域农村人居环境质量评价及空间分异研究 [J]. 生态与农村环境学报，2018（5）：385-392.

[36] 黄季焜．全面落实乡村振兴战略需扎实稳妥推进乡村建设［J］．农村工作通讯，2022（5）：36－38.

[37] 中共中央 国务院关于实施乡村振兴战略的意见（全文）［DB/OL］. http：//finance. sina. com. cn/china/2018－02－04/doc－ifyreyvz9007544. shtml，2018－02－04/2024－07－18.

[38] 朱启臻．如何建设宜居宜业和美乡村［J］．农村经营管理，2022（12）：6－7.

[39] 中华人民共和国中央人民政府．乡村振兴战略规划（2018－2022年）［DB/OL］. https：//www. gov. cn/xinwen/2018－09/26/content_5325534. htm，2018－09－26/2024－07－18.

[40] 张蔚文．【理响中国】"千万工程"的重要意义及其对城乡融合的经验启示［DB/OL］. https：//theory. gmw. cn/2023－07/20/content_36709564. htm，2023－07－20/2024－07－18.

[41] 金涛，张小林，金飚．中国传统农村聚落营造思想浅析［J］．人文地理，2002（5）：45－48.

[42] 吴良镛．人居环境科学导论［M］．北京：中国建筑出版社，2001.

[43]［英］拉尔夫·D. 斯泰西．组织中的复杂性与创造性［M］．宋学峰，曹庆仁，译．成都：四川人民出版社，2000.

[44] C. A. D. Doxiadis. Ekistics Theory and Practice：The Woke of C. A. D. Doxiadis and his Colleagues and friends［M］. Ekistics，Athens，Greece.

[45] 单德启．中国民居［M］．北京：五洲传播出版社，2003.

[46] 雷金蓉．气候变暖对人居环境的影响［J］．中国西部科技，2004（10）：103－104.

[47] 陈建熙．适应气候的传统民居［J］．四川建筑，2005，25（6）：32－33.

[48] 罗新宇．自然环境对民居的影响［J］．地理教育，2006

(1)：74－75.

［49］谢浩．我国传统民居气候设计的启示［J］．门窗，2007(8)：28－30.

［50］彭军旺．乡村住宅空间气候适应性研究［D］．西安：西安建筑科技大学，2014.

［51］何晓昕．风水探源［M］．南京：东南大学出版社，1990.

［52］成丽．浅谈风水与居住建筑［J］．河北建筑工程学院学报，2003，21（4）：41－44.

［53］巫柳兰．传统古村落选址和布局中的风水研究［J］．科教文汇（下旬刊），2017（36）：144－145.

［54］孙立硕．传统风水文化影响下的传统村落选址格局探析［J］．山西建筑，2021，47（12）：18－21.

［55］姜志刚．黄河下游滩区的高台［J］．寻根，2015（4）：100－103.

［56］王烨．绿洲传统聚落民居的营造与气候适应性技术研究——以和田地区为例［D］．乌鲁木齐：新疆大学，2018.

［57］崔功豪，魏清泉，刘科伟，等．区域分析与区域规划［M］．北京：高等教育出版社，2018.

［58］李红，周波，陈一．中国传统聚落营造思想解析［J］．安徽农业科学，2010（11）：5973－5974.

［59］贾苏尔·阿布拉，王竹，等．基于整体视角的干旱地区既有聚落气候适应性营建策略［J］．华中建筑，2021（5）：43－47.

［60］郑媛，王竹，钱振澜．基于地区气候的绿色建筑“原型－转译”营建策略——以新加坡绿色建筑为例［J］．南方建筑，2020（1）：28－34.

［61］陈文术，吴耀华．海南传统民居聚落气候适应性研究［J］．城市建筑空间，2022（4）：133－135.

［62］李旭，马一丹，崔皓，等．巴渝传统聚落空间形态的气候适

应性研究［J］. 城市建筑空间，2022（4）：133－135.

［63］董淑月，王旭．合肥某高校夏季教室物理环境问卷研究［J］. 建筑节能，2020（6）：51－54，96.

［64］张焕，贾苏尔·阿布拉，等．海陆边疆传统聚落气候应对智慧比对——以喀什沙漠绿洲聚落与浙江舟山群岛海岛聚落为例［J］. 建筑与文化，2019（9）：233－235.

［65］鲁详磊，苏立志，李琳琪，等．黄河滩区治理问题和村台淤筑工程地质承载力分析［J］. 人民黄河，2021（4）：54－61，105.

［66］李原园，杨晓茹，黄火键，等．乡村振兴视角下农村水系综合整治思路与对策研究［J］. 中国水利，2019（9）：29－32.

［67］喀普兰巴依·艾来提江，塞尔江·哈力克．基于绿洲聚落传统生态智慧的干旱区气候适应性设计策略研究——以新疆南部地区为例［J］. 小城镇建设，2021（9）：96－106.

［68］门头沟区委宣传部．风貌依旧的明清山地民居群——爨底下［M］. 北京：中国和平出版社，2010.

［69］赵荣，王恩涌，张小林，等．人文地理学［M］. 2 版．北京：高等教育出版社，2006.

［70］陈慧琳，郑冬子．人文地理学（第三版）［M］. 北京：科学出版社，2013.

［71］陈文术，吴耀华．海南传统民居村落气候适应性研究［J］. 城市建筑空间，2022（4）：133－135.

［72］李旭，马一丹，崔皓．巴渝传统村落空间形态的气候适应性研究［J］. 城市发展研究，2021（5）：12－17.

［73］曾丽平．大理表龙地区传统山地村落与民居气候适应性研究［D］. 昆明：昆明理工大学，2015.

［74］陈坚，王宽，李涛．传统村落的气候适应性自然山水空间模式分析——以萱州古镇为例［J］. 现代园艺，2017（10）：44，141.

［75］张佳茜．东北地区传统村落演进中的人文、地貌、气候因素

研究［D］. 西安：西安建筑大学，2016.

［76］安玉源. 甘南藏族乡土村落的气候适应性［J］. 环境科学，2008，37（2）：52.

［77］翟静. 沟谷型传统村落环境空间形态的气候适应性特点初探［D］. 西安：西安建筑大学，2014.

［78］苏芝兰. 贵州喀斯特地区村落环境气候适应性研究［D］. 贵阳：贵州大学，2018.

［79］贾苏尔·阿布拉. 基于整体视角的干旱地区既有村落气候适应性营建策略［J］. 华中建筑，2021（5）：43－47.

［80］刘祥. 胶东海草房村落微气候环境研究［D］. 济南：山东大学，2015.

［81］刘启波，刘璇，周若祁. 适应地貌与气候特征的海河流域传统民居村落研究［J］. 绿色科技，2015（3）：256－262.

［82］李肇旗，冶建明. 吐鲁番康克村传统村落气候适应性分析［J］. 住区，2022（1）：100－103.

［83］汤莉. 我国湿热地区传统村落气候设计策略数值模拟研究［D］. 长沙：中南大学，2013.

［84］董芦笛，樊亚妮，刘加平. 绿色基础设施的传统智慧：气候适宜性传统村落环境空间单元模式分析［J］. 中国园林，2013（3）：27－30.

［85］李雨帆. 青岛滨海地区传统村落及其气候适应性调查研究［D］. 西安：西安建筑大学，2015.

［86］吴志刚. 闽东南传统民居村落气候适应性研究［D］. 广州：华南理工大学，2020.

［87］吕文杰. 广西西江流域代表性乡土村落与气候环境因子关系研究［D］. 北京：中国建筑设计研究院，2018.

［88］曹萌萌. 靠山型传统村落环境空间形态的气候适应性特点初探［D］. 西安：西安建筑大学，2014.

［89］刘畅．传统村落水适应性空间格局研究——以岭南地区传统村落为例中外建筑［J］．中外建筑，2016（11）：48－50.

［90］胡良全．向水而生：徽州传统村落水环境的生态营造研究［J］．安徽建筑，2020（10）：18－19，23.

［91］杜承原，郭建．鄂西南酉水流域传统村落空间形态及成因探析——以来凤县下黄柏园为例［J］．建筑与文化，2020（10）：250－251.

［92］侯晓蕾，郭巍．水与皖南古村落人居环境的营造——以西递、宏村为例［C］．和谐共荣——传统的继承与可持续发展：中国风景园林学会2010年会论文集（上册），2010：57－60.

［93］石谦飞，李昉芳，景一帆，等．晋东南传统村落水环境适应性营造智慧——以晋城市泽州县南峪村为例［J］．西部人居环境学刊，2021（12）：134－140.

［94］高长征，张晗．水环境影响下乡村村落适应性探析——以合河村为例［J］．城市建筑空间，2022（5）：57－61.

［95］徐顺青，逯元堂，何军，等．农村人居环境现状分析及优化对策［J］．环境保护，2018，46（19）：44－48.

［96］贾璟琪，王鑫，魏旺拴．乡村振兴背景下农村人居环境改善路径探析［J］．当代经济，2018，491（23）：106－107.

［97］解静．农村人居环境整治工作与农村经济发展的互动［J］．农业经济，2020（4）：22－24.

［98］张添．乡村振兴视域下农村人居环境治理研究［D］．郑州：郑州大学，2020.

［99］胡文峰．中国农村人居环境质量评价及其影响因素研究——基于物质环境视角［D］．北京：中南财经大学，2021.

［100］吴志红．中国农村人居环境质量评价及其影响因素研究［D］．石家庄：河北经贸大学，2022.

［101］袁媛．乡村振兴背景下黄河流域乡村旅游发展路径研究

[J]. 旅游与摄影, 2022 (22): 42 - 44.

[102] 柴媜媜, 刘艳萍. 农村人居环境与经济、资源的耦合协调性研究——以中部六省为例 [J]. 湖北农业科学, 2022, 61 (16): 219 - 224.

[103] 张玲, 白兰. 农村人口转移对农村发展影响的研究——河北省农村人居环境的调研与思考 [J]. 中国劳动, 2016 (18): 28 - 32.

[104] 马立军, 郭凤玉. 城镇化进程中农村劳动力转移问题研究——以河北省为例 [J]. 农业经济, 2014 (4): 85 - 87.

[105] 黄匡时, 萧霞. 我国乡村人口变动趋势及其对乡村建设的影响 [J]. 中国发展观察, 2022 (6): 50 - 54.

[106] 巢红欣. 交通基础设施对乡村振兴的影响研究 [D]. 南昌: 江西财经大学, 2022.

[107] 曾福生, 蔡保忠. 农村基础设施是实现乡村振兴战略的基础 [J]. 农业经济问题, 2018 (7): 88 - 95.

[108] 袁丹丹. 论乡村振兴背景下的农村基础设施建设 [J]. 农业经济, 2022 (2): 64 - 65.

[109] 王金阳, 陈琳, 蹇梦婷. 乡村振兴背景下农村基础设施建设存在的问题及对策探析 [J]. 现代农村科技, 2024 (2): 152 - 154.

[110] 杨华军. 乡村振兴背景下乡土文化传承与发展的现实困境与路径 [J]. 学园, 2024 (18): 10 - 14.

[111] 周维. 乡村振兴战略视角下乡土文化的传承困境与重构策略研究 [D]. 重庆: 西南大学, 2019.

[112] 尹秀荼. 对新时代乡土文化传承与乡村振兴的探讨 [J]. 农业技术与装备, 2021 (2): 97 - 98, 100.

[113] 周萍华. 农村劳动力转移对我国农村经济发展的影响 [J]. 特区经济, 2006 (12): 138 - 139.

[114] 李红波, 张小林, 吴江国, 等. 苏南地区乡村聚落空间格

局及其驱动机制［J］. 地理科学，2014（4）：438－446.

［115］雷晓媛. 乡村振兴战略下乡村文化建设现状及路径研究——以广西隆安县乔建镇博浪村为例［J］. 热带农业工程，2022（1）：98－100.

［116］陈海鹰，曾小红，黄崇利，等. 乡村生态文明建设与乡村旅游协调发展路径研究——以海口周边乡村地域为例［J］. 热带农业科学，2016（2）：96－101.

［117］林嘉书. 土楼与中国传统文化［M］. 上海：上海人民出版社，1995.

［118］黄汉民，陈立慕. 福建土楼建筑［M］. 福州：福建科学技术出版社，2012.

［119］方莉莉. 福建土楼建筑空间形态研究［J］. 设计，2019（13）：145－149.

［120］张复合，钱毅，李冰. 中国广东开平碉楼初考——中国近代建筑史中的乡土建筑研究［J］. 建筑史，2003（2）：171－181，265.

［121］吴良镛. 人居环境科学发展趋势论［J］. 城市与区域规划研究，2010，3（3）：1－14.

［122］陈蕊，刘扬. 历代交通因素对滇西南传统村落形成与发展的影响研究［J］. 西南林业大学学报（社会科学），2020，4（5）：103－110.

［123］李丽萍，郭宝华. 关于宜居城市的几个问题［J］. 重庆工商大学学报（西部论坛），2006（3）.

［124］周直，朱未易. 人居环境研究综述［J］. 南京社会科学，2002（2）：84－88.

［125］李伯华，曾菊新，胡娟. 乡村人居环境研究进展与展望［J］. 地理与地理信息科学，2008，24（5）：70－74.

［126］彭震伟，陆嘉. 基于城乡统筹的农村人居环境发展［J］.

城市规划，2009，33（5）：66－68.

[127] 奂平清．社会资本与乡村社区发展［M］．北京：中国社会出版社，2008.

[128] 李伯华，杨森，刘沛林，等．乡村人居环境动态评估及其优化对策研究——以湖南省为例［J］．衡阳师范学院学报，2010，31（6）：71－76.

[129] 高延军．中国山区聚落宜居性地域分异规律评价——基于省份山区背景的分析［J］．郑州航空工业管理学院学报，2010，28（4）：71－78.

[130] 封志明，唐焰，杨艳昭，等．基于GIS的中国人居环境指数模型的建立与应用［J］．地理学报，2008，63（12）：1327－1336.

[131] 杨兴柱，王群．皖南旅游区乡村人居环境质量评价及影响分析［J］．地理学报，2013，68（6）：851－867.

[132] 刘立涛，沈镭，高天明，等．基于人地关系的澜沧江流域人居环境评价［J］．资源科学，2012，34（7）：1192－1199.

[133] Steven C., Deller, et al. The Role of Amenities and Quality of Life in Rural Economic Growth [J]. American Journal of Agricultural Economics, 2001, 83 (2): 352－365.

[134] 俞义，王深法，陈苇．水网平原区人居环境质量评价指标体系及其可行性研究［J］．浙江大学学报（农业与生命科学版），2004，30（1）：27－33.

[135] 王婷，李旭祥，王刚，等．黄河流域县城人居环境比较研究［J］．四川环境，2010，29（1）：70－75.

[136] 陈鸿彬．农村建制镇宜居指数的构建［J］．生产力研究，2007（23）：34－37.

[137] 程立诺，王宝刚．小城镇人居环境质量评价指标体系总体设计研究［J］．山东科技大学学报（自然科学版），2007，26（4）：104－108.

[138] 胡伟，冯长春，陈春，等．农村人居环境优化系统研究[J]．城市发展研究，2006，13（6）：11－17.

[139] 李健娜，黄云，严力蛟，等．乡村人居环境评价研究[J]．中国生态农业学报，2006，14（3）：192－195.

[140] John Grieve，Ulrike Weinspach. Capturingimpacts of Leader and of measures to improve Quality of Life in rural areas [R]. http：//ec. europa. eu/agriculture/rurdev/eval/wp－leader_en. pdf：European Communities，2010.

[141] 周侃，蔺雪芹，申玉铭，等．京郊新农村建设人居环境质量综合评价[J]．地理科学进展，2011，30（3）：361－368.

[142] 周晓芳，周永章，欧阳军．基于BP神经网络的贵州3个喀斯特农村地区人居环境评价[J]．华南师范大学学报（自然科学版），2012，44（3）：132－138.

[143] Peter Kaufmann，Sigrid Stagl，Katarzyna Zawalinska，Jerzy Michalek. Measuring Quality of Life in Rural Europe-AReview of Conceptual Foundations [J]. Eastern European Countryside，2007（13）.

[144] Cagliero，R，Cristiano，S，Pierangeli，F，Tarangioli，S. Evaluating the Improvement of Quality of Life in Rural Area [R]. Roma，Italy：1Istituto Nazionale di Economia Agraria（INEA），2011.

[145] Countryside Agency. Indicators of Rural Disadvantage：Guidance Note [R]. Wetherby，2003.

[146] 郝慧梅，任志远．基于栅格数据的陕西省人居环境自然适宜性测评[J]．地理学报，2009，64（4）：498－506.

[147] 胡志丁，骆华松，唐郑宁，等．基于栅格尺度的云南省人居环境自然适宜性评价研究[J]．地域研究与开发，2009，28（6）：91－94，99.

[148] 朱邦耀，李国柱，刘春燕，等．基于RS和GIS的吉林省人居环境自然适宜性评价[J]．国土资源遥感，2013，25（4）：138－

142.

［149］王德辉，匡耀求，黄宁生，等．广东省县域人居环境适宜性初步评价［J］．中国人口·资源与环境，2008，18：440－443.

［150］王竹，范理杨，陈宗炎．新乡村“生态人居”模式研究——以中国江南地区乡村为例［J］．建筑学报，2011（4）：22－26.

［151］赵巍．既有村镇住宅性能评价体系研究［D］．哈尔滨：哈尔滨工业大学，2010.

［152］周围．农村人居环境支撑系统评价指标体系的构建［J］．大庆社会科学，2007（6）：67－69.

［153］赵海燕．我国农村人居环境支撑系统评价研究［J］．黑龙江八一农垦大学学报，2011，23（5）：91－95.

［154］张维群．指标体系构建与优良性评价的方法研究［J］．统计与信息论坛，2006，21（6）：36－38.

［155］Boarini，R. Johansson，A. and Mira，M. Alternative Measures of Well-Being［A］. OECD Social and Migration Working Papers No. 33［C］．Pairs：OECD，2006.

［156］李伯华，刘传明，曾菊新．乡村人居环境的居民满意度评价及其优化策略研究——以石首市久合垸乡为例［J］．人文地理，2009，24（1）：28－32.

［157］VanPraag，B. M. S.，Ferrer-i-Carbonell，A. Happiness Quantified：A Satisfaction Calculus Approach［M］. Oxford：Oxford University Press，2004.

［158］刘学，张敏．乡村人居环境与满意度评价——以镇江典型村庄为例［J］．河南科学，2008，26（3）：374－378.

［159］黄祖辉，张栋梁．以提升农民生活品质为轴的新农村建设研究——基于1029位农村居民的调查分析［J］．浙江大学学报（人文社会科学版），2008，38（4）：90－100.

［160］Eurofound. Third European Quality of Life Survey-Quality of life in Europe: Impacts of the Crisis [R]. Luxembourg: Publications Office of the European Unio, 2013.

[161] 广东省住建厅. 广东省宜居城镇、宜居村庄、宜居社区考核指导指标(2010-2012)(试行)[Z]. 2010.

[162] 张志英. 黄土丘陵区乡村居民流动性的空间特征及影响因素研究 [D]. 兰州: 西北师范大学, 2020.

[163] Liu C, Yu B, Zhu Y, et al. Measurement of Rural Residents' Mobilityin Western China: A Case Study of Qingyang, Gansu Province [J]. Sustainability, 2019, 11 (9): 2492.

[164] 侯阿维. 基于居民时空行为的礼泉县乡村公共文化服务设施布局研究 [D]. 西安: 长安大学, 2021.

[165] 王龙魁. 甘肃贫困农户经济行为分析与区域减贫研究 [D]. 兰州: 兰州大学, 2012.

[166] 鹤年. 再谈"城市人"——以人为本的城镇化 [J]. 城市规划, 2014, 24 (9): 64-75.

[167] 庄少勤. 新时代的空间规划逻: [J]. 中国土地, 2019 (1): 6-10.

[168] Doxiade-Skna. Ekistics; An Introduction to the Science of Human Settlements [M]. NewYork: Oxford University Press, 1968.

[169] 吴良镛, 吴唯佳. 中国特色城市化道路的探索与建议 [J]. 城市与区域规划研究, 2008, 1 (2): 1-16.

[170] G. 阿尔伯斯, 吴唯佳. 城市规划的历史发展 [J]. 城市与区域规划研究, 2013, 6 (1): 194-212.

[171] 苏腾, 曹珊. 英国城乡规划法的历史演变 [J]. 北京规划建设, 2008 (2): 86-90.

[172] 蔡玉梅, 高延利, 易凡平. 发达国家空间规划的经验和启示 [J]. 中国土地, 2017 (6): 36-39.

[173] 李晓江. 生态文明下的城镇化发展模式研究 [J]. 小城镇

建设，2014，24（12）：14－15.

［174］郝庆．对机构改革背景下空间规划体系构建的思考［J］．地理研究，2018，37（10）：1938－1946.

［175］吴良镛．区域规划与人居环境创造［J］．城市发展研究，2005，12（4）：3－8.

［176］马仁锋，张文忠，余建辉，等．中国地理学界人居环境研究回顾与展望［J］．地理科学，2014，34（12）：1470－1479.

［177］Hao Q，Feng Z，Yang Y，et al. Study of the Population Carrying Capacity of Water and Land in Hainan Province［J］. Journal of Resources and Ecology，2019，10（4）：353－361.

［178］张兵．改革开放以来我国城乡规划发展的回顾与反思［J］．小城镇建设，2015（10）：25－27.

［179］田深圳，李雪铭．人居环境科学的发展特点与规律——基于中国知网的文献计量分析［J］．城市问题，2016（9）：18－26.

［180］陈呈奕，张文忠，湛东升，等．环渤海地区城市人居环境质量评估及影响因素［J］．地理科学进展，2017，36（12）：1562－1570.

［181］杨俊，由浩琳，张育庆，等．从传统数据到大数据＋的人居环境研究进展［J］．地理科学进展，2020，39（1）：166－176.

［182］王毅，陆玉麒，朱英明，等．中国人居环境研究的总体特征及其知识图谱可视化分析［J］．热带地理，2020.

［183］Small C，Nicholls R J. A Global Analysis of Human Settlement in Coastal Zones［J］. Journal of Coastal Research，2003，19（3）：584－599.

［184］封志明，唐焰，杨艳昭，等．基于 GIS 的中国人居环境指数模型的建立与应用［J］．地理学报，2008，63（12）：1327－1336.

［185］郝庆，单菁菁，邓玲．面向国土空间规划的人居环境自然适宜性评价［J］．中国土地科学，2020，34（5）：86－93.

[186] 于恒魁，王玉兰．韩国新村运动对我国社会主义新农业建设的启示 [J]. 四川行政学院学报，2006 (3)：80 – 83.

[187] 侯彦全，姜亚彬，李安康．国外新农村建设模式的分析研究及其启示 [J]. 农村经济与科技，2011，22 (5)：95 – 97.

[188] 赵姗姗．韩国新村运动对我国乡村振兴战略的启示 [J]. 河南农业，2021 (15)：39 – 40，43.

[189] 谭海燕．日本农村振兴运动对我国新农村建设的启示 [J]. 安徽农业大学学报（社会科学版），2014 (5)：25 – 28，92.

[190] 李世安．英国农村剩余劳动力转移问题的历史考察 [J]. 世界历史，2005 (2)：15 – 26.

[191] 道客巴巴．少数民族地区农村人居环境治理研究 [DB/OL]. https：//www. doc88. com/p – 1856391377873. html，2017 – 12 – 04/2024 – 07 – 18.

[192] 盛慧，杜为公．欧美主要国家农村发展经验研究 [J]. 现代营销，2019 (3)：10 – 12.

[193] 金锄头文库．韩国新村运动 [DB/OL]. https：//wenku. so. com/d/1c25f1135fd8699a4b9921d7d84638dd，2024 – 04 – 24/2024 – 07 – 18.

[194] 刘守英，陈航．东亚乡村转型特征再审视 [DB/OL]. https：//finance. sina. cn/2023 – 01 – 16/detail – imyaimyw9071605. d. html，2023 – 01 – 16/2024 – 07 – 18.

[195] 刘守英，陈航．东亚乡村变迁的典型事实再审视——对中国乡村振兴的启示 [J]. 农业经济问题，2022 (7)：25 – 40.

[196] 孟耀．乡村振兴战略思想的形成与实践路径初探 [J]. 经济研究导刊，2019 (11)：6 – 8.

[197] 张会吉，薛桂霞．我国农村人居环境治理的政策变迁：演变阶段与特征分析——基于政策文本视角 [J]. 干旱区资源与环境，2022 (1)：8 – 15.

[198] 道客巴巴．农村危房改造资金管理：抓好“最后一公里”

[DB/OL]. http://www.doc88.com/p-5405641273198.html, 2017-03-20/2024-07-18.

[199] 李小健. 新农村十年换新装 [J]. 中国人大, 2015 (1): 15-16.

[200] 刘健. 山东省新型农村社区发展模式与规划对策研究 [D]. 济南: 山东建筑大学, 2010.

[201] 应丽君. 农村社区化下城乡基本公共服务均等化研究 [J]. 求知导刊, 2015 (19): 54-55.

[202] 齐齐文库. 诸城市新型农村社区建设与影响因素探索 [DB/OL]. https://wenku.so.com/d/d28cfa62d1bcc017a682da642fe5dfc1, 2023-04-29/2024-07-18.

[203] 刘素芳. 河南省新型农村社区建设与发展模式浅析 [J]. 城市建设理论研究 (电子版), 2013 (34).

[204] 郁海文, 陈晨, 赵民. 新型农村社区建设的规划研究——以中原某市农村地区为例 [J]. 城市规划学刊, 2014 (2): 87-93.

[205] 屠爽爽, 龙花楼, 张英男, 等. 典型村域乡村重构的过程及其驱动因素 [J]. 地理学报, 2019 (2): 87-93.

[206] 总结推广浙江"千万工程"经验 推动学习贯彻习近平新时代中国特色社会主义思想走深走实中工网, 2023.

[207] 刘守英, 等. 东亚乡村转型对中国乡村振兴的启示, 乡村发现, 2023-12-1012: 30 湖南.

[208] 禹怀亮, 王梅梅, 杨晓娟. 由统筹到融合: 中国城乡融合发展政策流变与规划响应 [J]. 规划师, 2021 (5): 5-11.

[209] 薛金礼, 邵贝贝, 陈盟. 河南省城乡融合发展评价研究 [J]. 中国储运, 2021 (5): 129-131.

[210] 孙永强, 陈红姣. 城乡人口结构差异是否阻碍城乡经济一体化 [J]. 上海经济研究, 2021 (8): 60-71.

[211] 刘合光. 城乡融合发展与乡村振兴: 特性、共性与联系

[J]. 国家治理，2021（16）：8－11.

[212] 范晓娟. 国土空间规划背景下的城乡融合发展研究 [J]. 住宅与房地产，2021（4）：25－26.

[213] 祖赤. 探索国土空间规划背景下的城乡融合发展 [J]. 农村实用技术，2021（1）：31－32.

[214] 周国华，吴国华，刘彬，等. 城乡融合发展背景下的村庄规划创新研究 [J]. 经济地理，2021，41（10）：183－191.

[215] 鲁李灿. 国土空间规划背景下村庄规划优化提升的思考探索——以安徽省太湖县为例 [J]. 城市建设理论研究，2021（4）：14－15.

[216] 李鑫. 治理视角下乡村规划的挑战与对策 [C]. 2019 年中国城市规划年会. 重庆：中国城市规划学会，2019：1－8.

[217] 徐文洁. 国土空间规划背景下村庄规划编制探讨——以山东省为例 [J]. 小城镇建设，2020（7）：36－40.

[218] 何汇域，宋依芸，江汶静，等. 重庆市实用性村庄规划编制技术探索 [J]. 城市建筑，2023（2）：34－37.

[219] 陆龙平. 村庄规划编制的意义、任务与要点 [J]. 乡村科技，2019（16）：17－18.

[220] 张建波，余建忠，孔斌. 浙江省村庄设计经验及典型手法 [J]. 城市规划，2020（z1）：47－56.

[221] 周慧玲，王煜华，贾怡淼. 传统村落文化空间建构与乡村振兴研究——以江宁佘村为例 [J]. 居舍，2022（31）：167－170.

[222] 余淑君，张英鑫. 乡村振兴背景下乡村规划课程教学体系革新 [J]. 科教文汇（上旬刊），2020（4）：69－70.

[223] 邱文杰. 村庄规划技术策略研究 [J]. 江西建材，2020（10）：398－399，403.

[224] 陈树荣. 面向“共同富裕”的集聚提升类村庄规划思路与策略 [J]. 山西建筑，2022（23）：31－34，113.

[225] 中共中央、国务院《关于建立国土空间规划体系并监督实施的若干意见》2019 年 5 月.

[226] 自然资源部办公厅《关于加强村庄规划促进乡村振兴的通知》自然资办发〔2019〕35 号.

[227] 栾峰."多规合一"的实用型村庄规划——几个关键议题及未来展望[J].中国城市规划,2024.

[228] 陆嘉,等.空间规划语境下村庄规划编制思路与技术转变——以山东省巨野县试点村村庄规划为例,城建干部培训中心,规划建设前沿,2022-02-2117:12.

[229] 吴迪.外围护结构设计中生态原则与城市界面的整合[D].南京:东南大学,2008.

[230] 王祝根.胶东传统民居环境保护性设计研究——以文登营村新农村居住环境设计为例[D].武汉:华中科技大学,2007.

[231] 栾小惠,刘富国.老房子的回忆[J].走向世界,2014(19):24-27.

[232] 杨皓舒.鲁中山区官(商)道沿线民间传统营造技艺研究[D].济南:山东建筑大学,2019.

[233] 江民锦.旅游业对井冈山区发展的影响及模式研究[D].北京:北京林业大学,2007.

[234] 付帅.鲁中传统村落更新设计研究——以山东莱芜王老村设计实践为例[D].苏州:苏州大学,2021.

[235] 朱七七.与大师相约,拍天鹅曼舞"孔子家乡·好客山东"国际旅游摄影大赛第一季第四次采风侧记[J].旅游世界,2016(2):196-211.

[236] 吴晓林.荣成海草房实地调查及其形式美研究[D].济南:山东大学,2008.

[237] 陈文念.海草房的渔家童话[J].城乡建设,2017(22):67-69.

［238］王雪菲．传统海草房地域性营建机理与方法研究［D］．西安：西安建筑科技大学，2016.

［239］杨巳思，姜波．济南传统侨置村落的再解读——古官道上的博平村［C］．第二十届中国民居学术会议论文集，2014：89－93.

［240］秦耕．威海卫建筑特色形成探究［D］．济南：山东大学，2009.

［241］吴天裔．威海海草房民居研究［D］．济南：山东大学，2008.

［242］汪永平，王盈．苏北泗阳花井村茅屋调研［J］．艺术百家，2012（z2）：144－147.

［243］刘彩云．论海洋文化背景下的民居——以海草房与黎族船屋为例［J］．设计，2016（19）：32－34.

［244］初丹丹．基于传统民居特色的乡村民宿设计改造研究——以荣成市留村海草房为例［D］．曲阜：曲阜师范大学，2022.

［245］朱国伟．走遍千里山海，探寻本地民俗文化［J］．旅游世界，2023（6）：33－37.

［246］孙杰．北京老旧四合院室内环境宜居性改造研究［D］．天津：河北工业大学，2019.

［247］徐晓宇．胶东传统村落建筑的本土化设计探究［J］．装饰装修天地，2017（2）：327.

［248］王雪菲，雷振东．传统海草房营建技艺的图解记录［J］．新建筑，2018（4）：142－146.

［249］张葳，王梅．生态性与情态性的有机统一——海草房民居空间形态研究［J］．艺术与设计（理论），2011（2X）：159－161.

［250］王梅．胶东民居—海草房景观形态调查报告［D］．武汉：湖北工业大学，2011.

［251］如羽．顶着海草过日子生态民居海草房［J］．旅游纵览，2013（4）：44－47.

[252] 王忠杰，林敏．海草房建筑流程 [J]．房地产导刊，2014 (14)：394－394.

[253] 于法稳，胡梅梅，王广梁．“十四五”时期乡村建设行动：路径及对策 [J]．农村发展，2022 (6)：3－5.

[254] 中共中央 国务院关于全面推进乡村振兴加快农业农村现代化的意见，2021 年.

[255] 中共中央 国务院关于做好 2022 年全面推进乡村振兴重点工作的意见，2022 年.

[256] 中共中央 国务院关于做好 2023 年全面推进乡村振兴重点工作的意见，2023 年.

[257] 周莹，刘杰，周铭，等．乡村振兴战略下基于特色产业的乡村生态宜居住宅的研究——以菏泽市庄寨镇为例 [J]．现代农机，2022，10 (5)：27－30.

[258] 刘修娟．黄河下游流域传统民居类型及特征研究 [D]．郑州：郑州大学，2015.

[259] 刘修娟，吕红医，许根根．山东黄河下游地区传统民居调查研究 [J]．中外建筑，2015 (2)：48－50.

[260] 新华社．农业农村部：我国农村人居环境整治提升取得新成效 [DB/OL]. http：//caijing. chinadaily. com. cn/a/202403/02/WS65e26196a3109f7860dd39dc. html，2024－03－02/2024－07－18.

[261] 刘静，常明．改善农村人居环境的思考与探索 [J]．农村工作通讯，2023 (3)：15－16.

[262] 牛震．全国政协委员余欣荣农村人居环境整治要用好心办好事形成好效果 [J]．农村工作通讯，2020 (11)：12－14.

[263] 李伟国．在农业绿色发展战略暨首届农村人居环境整治学术交流会上的致辞 [J]．休闲农业与美丽乡村，2020 (6)：8－9.

[264] 马灿明，毛云峰，张健，等．我国农村厕所革命相关技术标准规范和实施进展 [J]．安徽农业科学，2020 (20)：215－221.

［265］宁康，蔡键，谢树曼．镇域“三生空间”规划下脱贫攻坚与乡村振兴的衔接路径研究——以广东省清远市禾云镇为例［J］．乡村论丛，2022（6）：28－36.

［266］杨阳．科技为宜居乡村添一抹绿色［J］．中国农村科技，2020（5）：12－20.

［267］王岷昊，王雪，刘月姣．环境治理视角下农村“厕所革命”科学实施问题及对策研究［J］．河南农业，2022（13）：60－61.

［268］杜静，常志州，钱玉婷，等．农村生活垃圾处理模式及技术发展趋势［J］．江苏农业科学，2019（6）：11－14.

［269］张萌．农村生活垃圾分类处理问题及对策研究［J］．租售情报，2022（1）：214－216.

［270］李鑫．农村生活垃圾处理现状及对策研究［J］．北京城市学院学报，2023（9）：160－161，167.

［271］李玉．农村生活垃圾处理现状与资源化利用［J］．农家参谋，2021（36）：193－194.

［272］赵世新．环境部：农村生活污水治理成效显著，各地还需因地制宜［DB/OL］．https：//finance. sina. com. cn/jjxw/2024－07－29/doc－incfuzve1061752. shtml，2024－07－29/2024－08－07.

［273］杨淑妮．中国农村人居环境整治提升研究［D］．长春：吉林大学，2022.

［274］杨长远．农村人居环境整治农民满意度研究——以山东省D镇为例［D］．石家庄：河北经贸大学，2022.

［275］骆成杰，王正富．乡村振兴背景下农村人居环境改善实践探索［J］．乡村科技，2021，12（22）：102－104.

［276］王彦芳．乡村振兴下农村改厕技术探讨［J］．环境与发展，2019（7）：71－72.

［277］高素坤．农村厕所低成本改造技术与应用研究［D］．泰安：山东农业大学，2017.

[278] 张宇航，沈玉君，王惠惠，等．农村厕所粪污无害化处理技术研究进展［J］．农业资源与环境学报，2022，39（2）：230－238.

[279] 何立红．农村生活污水处理实用技术应用及研究进展［J］．2021，39（1）：103－105.

[280] 张曼雪，邓玉，倪福全．农村生活污水处理技术研究进展［J］．水处理技术，2017，43（6）：5－10.

[281] 叶辉．农村生活污水处理的现状与技术应用研究［J］．产业创新研究，2022（12）：68－70.

[282] 方军毅，唐雨佳．农村生活污水处理存在的问题及解决对策的思考［J］．科技与创新，2020（7）：131－132.

[283] 曹腾飞，孔琼菊，卢江海．江西省农村生活污水处理关键技术适应性比选［J］．湖北农业科学，2020，59（1）：44－48，61.

[284] 吴迪．农村生活污水处理技术分析［J］．节能环保，2022（2）：1－3.

[285] 刘晓永，吴启堂，曹姝文．“厌氧＋人工湿地”在粤北农村生活污水处理工程上的应用［J］．水利规划与设计，2020（6）：120－124，132.

[286] 沈耀良．我国农村生活污水处理：技术策略路径［J］．苏州科技大学学报（工程技术版），2021，34（4）：1－16.

[287] 邱才娣．农村生活垃圾资源化技术及管理模式探讨［D］．杭州：浙江大学，2008.

[288] 张立秋，张英民，张朝升，等．农村生活垃圾处理现状及污染防治技术［J］．现代化农业，2013（1）：47－50.

[289] 郑凤娇．农村生活垃圾分类处理模式研究［J］．吉首大学学报（社会科学版），2013，34（3）：52－56.

[290] 张国治，魏珞宇，葛一洪，等．我国农村生活垃圾处理现状及其展望［J］．中国沼气，2021，39（4）：54－61.

[291] 智勇，刘丹．农村生活垃圾特性与全过程管理［M］．北京：

科学出版社，2019.

［292］刘渊．农村生活垃圾处理现状及优化探讨［J］．资源节约与环保，2022（5）：84－87.

［293］胡洋，仲璐，王璐．农村生活垃圾分类及资源化利用现状和问题浅析［J］．环境卫生工程，2019，27（6）：64－67.

［294］刘杰．人居环境学科群理论研究和实践探索——以菏泽学院为例［J］．菏泽学院学报，2023，45（2）：128－131.

［295］丛晓雨，朱璟璐．乡村振兴视角下村落公共空间品质提升研究——以广州市草河村为例［C］．人民城市，规划赋能——2022中国城市规划年会论文集（16乡村规划）中国城市规划学会，2022：1736－1747.

［296］范中健．浅析高职院校全面融入乡村振兴的现实路径［J］．南方农业，2021，15（36）：132－134.

［297］周碧玮．从“实施乡村振兴战略”到“全面实施乡村振兴战略”——更好地绘就农业强农村美农民富的美丽画卷［J］．新西藏（汉文版），2021（2）：13－15.

［298］肖大志．牢牢把握农业农村现代化总目标 推进乡村振兴战略落实见效［J］．岭南学刊，2020（5）：12－14.

［299］龚晨．乡村振兴中统一战线的作用研究［J］．天津市社会主义学院学报，2019（3）：5－10.

［300］李宝敏．河南乡村集体经济发展对策研究［J］．农村·农业·农民（B版），2019（11）：32－33.

［301］黄桂然，徐天祥．城市化与人居环境的协调发展——基于山东省的实证分析［J］．黑龙江对外经贸，2011（1）：85－87.

［302］李小明．关中地区乡村人居环境整治规划策略研究［D］．西安：西安建筑科技大学，2018.

［303］曹建波，王宁，王岩．特色农业生态旅游视角下鱼菜共生种养循环生态综合种养技术模式探究——以河北省廊坊市永清县为例

[J]. 中国食品，2024（8）：170－172.

[304] 瞿生权. 乡村振兴战略背景下农村公路发展思路 [J]. 低碳世界，2022（4）：139－141.

[305] 李颜伶. 乡村振兴视角下南北乡村人居环境宜居性和景观特征差异性研究 [D]. 成都：四川农业大学，2020.

[306] 陈锡文. 乡村振兴应重在功能 [J]. 乡村振兴，2021（3）：4－7.

[307] 王鹤. 浙北地区乡村人居环境现状分析及评价 [D]. 杭州：浙江农林大学，2014.

[308] 张雷. 乡村振兴下大别山中草药种植产业政府支持策略的研究 [D]. 南京：南京农业大学，2020.

[309] 曹先东，魏登云. 贵州长征文化资源价值与乡村振兴战略实施研究 [J]. 遵义师范学院学，2024，26（1）：29－34.

[310] 郭洁雅. 金融助力全面推进乡村振兴实践探索及对策——以S市Y分行为例 [J]. 市场瞭望，2024（11）：14－16.

[311] 王韬. 乡村振兴战略背景下欠发达农村地区的发展困境与对策——以曹县高英楼村为例 [J]. 德州学院学报，2019，35（4）：60－66.

[312] 王莺. 重庆地区住宅建筑设计与气候 [D]. 重庆：重庆大学，2003.

[313] 房威. 西北荒漠区民居建筑的热稳定性研究 [D]. 西安：西安建筑科技大学，2013.

[314] 张博. 平地型传统聚落环境空间形态的气候适应性特点初探 [D]. 西安：西安建筑科技大学，2014.

[315] 张佳茜. 东北地区传统聚落演进中的人文、地貌、气候因素研究 [D]. 西安：西安建筑科技大学，2016.

[316] 田银城. 传统民居庭院类型的气候适应性初探 [D]. 西安：西安建筑科技大学，2013.

[317] 史本恒. 水文和地貌条件对胶东半岛聚落选址的影响 [J]. 华夏考古，2013 (4)：34－45.

[318] 宋关东，唐承丽，周国华. 湖南省乡村人居环境质量时空格局演变及影响因素 [J]. 水土保持研究，2023 (5)：427－434，452.

后　记

本书是山东省社会科学规划研究项目《乡村振兴战略下的乡村人居环境研究》（21CGLJ04）的研究成果。我们团队长期从事人居环境、城乡建设及区域经济发展问题的教学、研究和社会服务工作。我们以菏泽学院黄河下游人居环境研究重点实验室为平台，多年来，已经进行了大量的国外（欧美、东南亚、日本、韩国等国家）和国内有关城乡人居环境考察研究工作，积累了丰富的第一手资料和文本数据。对我国尤其是黄河下游乡村人居环境状况有了较为清晰的认识和理解，力图回答这块区域在经历千百万年来的风风雨雨，尤其是黄河泛滥的环境下，人们一次又一次重建修复，并安居乐业等重大问题和核心成因。形成了较为成熟的解决乡村人居环境整治问题的思路和技术。团队已经主持完成六项与本课题相关的省部级课题；已经主持或参与完成近百余项城乡建设项目。取得了创新性理论成果和调研报告，为当地党委政府提供了切实可行的政策建议。已有多项有关脱贫攻坚和乡村振兴工作的调研报告和科研成果提供给省市主要领导决策参考，多项研究成果和乡村规划项目应用到当地乡村建设行动中。本课题研究内容，是我们关于乡村人居环境整治的深入具体研究，这是最近我们团队由学术理论研究为主向政策应用研究方向转型的成果总结和提升。

本书是集体研究成果的结晶。大家在各自研究领域和相应研究成果的基础上，完成本书的编写工作。本书的整体框架构思、主要内容安排和定稿由刘杰教授承担，郑艳霞副教授协助校审工作，张世富讲师负责整理设计全书的图表工作。刘杰主持编写第一、第二章及第八章和第十章的部分内容；郑艳霞主持编写第三章和第四章；张世富主持编写第五章和第六章；周铭博士主持编写第七章；张玉敏讲师主持编写第八章；周莹副教授主持编写第九章和第十章。

特别指出的是，在山东省社会科学规划研究项目《乡村振兴战略下的乡村人居环境研究》（21CGLJ04）的申报、立项、研究，和本书的编写过程中，我们得到广州大学曹伟教授的教诲，也借此机会向曹教授对菏泽学院，尤其是我们的科研教学团队的指导和帮助表示由衷的谢意；书中的有些内容和观点是参考许多专家学者的研究成果，在此我们对各位专家深表感谢。本书的编写出版得到山东省社会科学规划研究项目《乡村振兴战略下的乡村人居环境研究》（21CGLJ04）和菏泽学院城市建设研究中心的资助，表示感谢。

刘　杰

2024 年 7 月于浙江湖州和山东菏泽